Zero
Waste

Simple Life Hacks to Drastically
Reduce Your Trash

零|廢|棄

不塑、不浪費、
不用倒垃圾的美好生活

蘇小親 Shia Su ——著　　譯——劉卉立

獻給我媽媽

各界讚譽

- 這本書是我們啟動零廢棄生活的最佳指南，內容資訊豐富、有趣、平實，而且容易實行。作者蘇小親提供了許多簡單的概念，讓減量垃圾變得輕鬆又方便。

  ——英格・埃塔霍特（Inge Echterhölter）
  環保網站 Gruenish.com 創辦人

- 閱讀本書，就像是有個很棒的零廢棄生活實踐者朋友牽著你的手，一步步引領你走在這條道路上。這本實用指南淺顯易懂，讓零廢棄生活變得簡單可行，十分誘人。詳實的研究加上作者的幽默和魅力，這本書解答了對零廢棄生活的所有疑惑。
  從家庭環保到隨時隨地避免製造垃圾，作者將全書分成了去哪裡買（即使你的住家附近沒有提供無包裝商品的散裝商店）、備餐計畫、外食和個人身體護理等主題，不一而足。本書指出，控制自己的消費、讓自己成為問題的解決者而不是製造者，可以是一件輕鬆又有趣的事情！

  ——雅莉娜・史瓦茲（Ariana Schwarz）
  零廢棄組織 Paris-to-Go.com 創辦人

- 蘇小親寫了一本實用的零廢棄生活指南。她在書中闡明了自己的價值觀，很好地提醒了我們過零廢棄生活一點都不難，是可以達成的！謝謝你分享了自己的明智觀點。

  ——安妮塔・樊戴克（Anita Vandyke）
  零廢棄生活實踐者

- 這本書面面俱到又實用。在聚焦於解決之道的同時，作者也闡明了零廢棄運動背後的前提，也觸及了一些與廢棄物的核心「問題」相關的更重要議題。

  她提到自己所做的零廢棄選擇，也提供讀者一些可替代的零廢棄選項，鼓勵讀者找到適合自己的方法。對於想要在這星球上過一個更簡約生活的人來說，本書是很有用的資源。

  ——琳賽・邁斯（Lindsay Miles）
  環保網站 TreadingMyOwnPath 創辦人

- 蘇小親做了一件很棒的工作，讓零廢棄生活變得深具吸引力、實用又有趣。本書內容不僅淺顯易懂，而且立即就能輕鬆上手。我要把這本書推薦給所有打算要開始踏上自己的垃圾減量之旅的人—你會從書中找到許多啟發和點子，督促你開跑。

  ——克莉絲汀・劉（Christine Liu）
  部落格「簡單生活映像」格主

- 希雅針對零廢棄生活背後的理念提出了質問，並為每個人提供了實用的具體解決方法。《零廢棄》不僅對新手是一本詳盡的絕佳實用指南，大多數的資深零廢棄生活者也能從中受益良多。我希望可以把書中更多的點子融入到我的日常生活中。這絕對是一本內容精彩、言之有物的書！

  ——艾咪・盧卡斯（Immy Lucas）
  Youtube 頻道「永續純素者」創作者

專文推薦

——●——

讓混亂的生活
重新開機

呂加零

從沒想過，在嘗試零廢棄生活之後，讓我原本混亂的生活，像是重新開了機。

我是一個執行零廢棄生活三年的生活者，家中成員有七隻貓咪、我及我的先生，我們一個月只產生104克的垃圾。

在資本主義下生活的我們，追求的是CP值；「便宜」是這個世代永遠的第一考量。處在氾濫的媒體資訊、廣告的強力洗腦之中，消費世代的你我從來都沒想過，在無意識間，我們產生了多少不需要的消費，沒留神就掉入不必要的購買陷阱裡，「用了即丟」變成我們的另類循環經濟，不斷地耗盡地球的資源。

在改變生活方式之前，我也盲目消費、有囤物傾向、追求最熱門的服飾或餐點。什麼都擁有，心卻很飢餓。無意識地過日子，卻自認

為這是聰明的生活方式。

而隨著零廢棄生活的進行，我開始懂得辨別「想要」與「需要」；在這條道路上，自然而然地把我導向眾多人一心嚮往的簡單生活。

和本書作者蘇小親一樣，我曾是個瘋狂消費者，而現在，我能有意識地拒絕快時尚侵入我的生活：我不再在網路上快手下單、為了免運費湊好幾件我可能沒有拆封就放在收納箱深處的衣服，「女人衣櫃裡永遠少一件衣服」不再是我的信仰。

「用消費改變這個世界」這句話一直深植在我的心裡，而這也是書中一再提到的觀念，計劃性的消費行為不會造成過多的浪費，過去我買了整理箱，卻收納了大量不需要或自以為總有一天會需要的物品，我的消費行為讓沒有價值的東西持續占用著我的居住空間；它們免費住在我的房子裡，而為了囤物，我需要更大的坪數，也背了更多的房貸，這是多麼不值得的一件事！

現在，家裡只留著真正在使用的物品，我再也不需要幫雜物付房租了，就像這本書裡寫的，使用乾淨的玻璃瓶儲存食品，可以清楚看見自己收藏著多少食物，簡單就能做好庫存管理，進而減少浪費的產生（意外收獲就是不小心省了不少錢）。

減少購買後，善用身邊的東西成了我的強項；如果臨時需要僅使用一次的物品，就找朋友詢問商借；或用以物易物的方式獲得，讓已被購買的物品可以充分被利用，不浪費資源又省錢，

我開始喜歡上騎腳踏車，可以運動又減少空氣污染，享受著只有在慢速前進時才能欣賞到的巷弄風景，到傳統市場找小農購買蔬菜並

和他們閒話家常，真正地了解吃下肚的東西從何而來。直接和小農購買縮短了產地和餐桌的距離，減少了碳排放；而食用友善種植的蔬果也是一個零廢棄的方法，留下的生廚餘也可以堆肥再回歸大地，成為善的循環，身體也得到了健康。

這樣令人著迷的生活模式，起步很簡單，從攜帶餐具、自備容器、自備購物袋開始，用自己的速度。慢慢地，你會感受到時間變多了，金錢也變得更寬裕；因為不製造一次性垃圾，你減少了丟垃圾及整理資源回收的時間，一個禮拜可以多看二部電影、多運動數小時；因為不產生不必要的消費，錢自然會花在對的地方，省下來的錢，可以每年都可以出國旅行一次。不知不覺中，你成了一個有意識的生活者，再也不是一個無意識的消費者。

零廢棄是腦力激盪，可以一直學習到新的東西，有很多小撇步讓你在簡單生活中產生更多精彩的發現，如果你有以上的嚮往，也想嘗試及體驗成為生活者的美好，這是一本很棒的入門書，推薦給你們。

（本文作者為零廢棄生活實踐者、友善貓創辦人、貓旅經營者）

專文推薦

——●——

零廢棄，一門讓生活變簡單的藝術

洪平珊

有回我帶著餐盒和自製的蜂蠟布到婆家巷口買早餐，當晚婆婆跟我分享，早餐店的老闆很感慨地對她說：「你媳婦買東西都要自己帶容器嗎？他們的生活一定過得很辛苦。」我聽到噗哧一笑，沒想到第一次見面，光餐盒就可以給人這麼多聯想。生活會過得很不自在吧？這就是許多人對於零廢棄生活的標準刻板印象。

回想2013年我帶著一股傻勁開始零廢棄生活的練習，起初也是戰戰兢兢，一不小心就會踩到製造垃圾的地雷區，抱頭懊悔一整天。同件事經過幾回挫敗經驗，總會學到一些眉角，來來回回修正後，漸漸就可以抓到成功的訣竅。時間過得越久，刻意的改變已經變成習慣，回頭和從前的生活模式相比，發現結果令人相當意外。減廢練習並沒有讓我們變成苦行僧，追求永續的生活方式反而讓我們享有好生活的

同時，過得比以往更直覺、更簡單和輕鬆。

本書作者蘇小親在第4章廚房篇的一段話，精確地描述出這個改變最重要的精髓：

我們剛開始下廚做菜的時候，只覺得手足無措。我們拎著裝滿蔬果的袋子回家，卻完全不知道該如何料理這些食材。老公哈諾和我那時候對做菜完全外行。我們上網找食譜，但許多料理對我們而言實在是太複雜了。一開始，做菜對我們來說就是一個反覆摸索的過程，一段時間後，我們體會到其中的關鍵在於讓下廚變得簡單！

所謂的簡單，並非是單純節省時間的便利，而是經由了解事情本質的過程，進而找到最適合自己的方式。過往慣性的生活型態裡，我們可能只是盲從，從未想過什麼是最適合自己的。看似享有便利和效率的生活，卻同時製造了其他難以解決的隱憂。本來想解決一個問題，卻得創造出更多的問題，讓人搞不清楚自己是否真的有往好生活步步邁進。

相反的，零廢棄生活的練習，讓我們從觀察自己製造的垃圾開始回想每個細節，完全解構對事情的既有認知，重新決定自己的每一步該如何前進。剛開始多少都有些舉步維艱，但隨著關卡一一被解決，生活會越來越輕鬆，遠離隱形問題的反撲，生活多了許多空間，可以自由地靜心享受。

無論是剛剛要踏出減廢的第一步，或是已經在這條路上努力很久

的實踐家，《零廢棄》這本書都能帶來不同以往的視野及想像。本書的前半部作者整理了零廢棄生活的練功心法，要開始改變生活方式的同時，周邊一定會有許多不同的聲音，該要怎麼面對質疑和矛盾，蘇小親提出了很完整的觀點，協助你可以毫不猶豫地向前邁進。

書的後半部則是大家最期待的實戰經驗，作者做了非常仔細的整理和分享，連玻璃罐的大小都有使用容量建議（讓我佩服得五體投地）。雖然台灣目前還沒有那麼豐富的減廢商店及服務，但看到國外生活有著許多不同的減廢方式，仍然會激發出讀者許多創造跟想像空間，幫助自己更有力地面對生活中的減廢難題。

恭喜你已和零廢棄生活結下緣分，準備啟航的第一步總是最困難的，而你已經完成了！祝福你能開心享受零廢棄帶來的一切，享受讓生活變簡單自在的神奇魔法。

（本文作者為減廢達人、小事生活工作室創辦人）

—— ● ——

一起來體驗美好的
零廢棄生活

黃尚衍

　　很榮幸受邀為《零廢棄：不塑、不浪費、不用倒垃圾的美好生活》一書寫推薦序，最初接獲通知時有些受寵若驚，覺得能有這樣志同道合想法理念且付諸實際行動的人著實不多，也希望可以藉由各式各樣的管道，不論是書籍、網路、抑或是各大新聞媒體、報章雜誌的報導，來傳達相同的理念與想法，讓更多人身體力行，體驗美好的零廢棄生活。

　　此外，搭配中央政府大力推行的限塑政策，正好可以藉此讓社會大眾更加重視這個議題，比如塑膠吸管，政府將在2019年優先推動連鎖、速食餐廳等一定規模的餐飲業者「內用」飲品不提供塑膠吸管，2020年則是所有餐飲業「內用」都不可提供，2025年全面限用，民眾需要塑膠吸管必須自費購買，2030年則全面禁用、商家不得

提供與販售塑膠吸管。相信政策法規雙管齊下，在不久的將來，台灣將會有煥然一新的風貌，且讓大家拭目以待。

談到零廢棄，其實就跟我們當初在新北市開設無包裝商店的理念不謀而合，最初開店的想法很簡單，就是想要為地球、台灣這塊美麗的瑰寶，略盡一點棉薄之力。店裡大部分商品都是無包裝（散裝）的，「用（吃）多少，買多少」是我們不斷跟客人闡述的概念。來店裡消費的客人，不論是需要大量或是少量的東西，都是秤重計價，舉凡米、油、鹽、醬、醋、茶等生活必需品，抑或是洗碗精、洗衣精、洗手乳等生活用品，我們都鼓勵大家自備容器來店裡選購。

現在台灣小家庭越來越多，假若一次採買太多，可能導致剩食、食材用不完或不新鮮等問題，所以「用（吃）多少，買多少」是非常重要的觀念。像洗碗精、洗衣精等生活用品，也是建議大家可以把之前用完的瓶罐洗淨晾乾後，回收再利用，直接帶著瓶子去無包裝商店購買，這樣不但可以減少不必要的浪費，價格上也比一般市售瓶裝的便宜（因為消費者不需要額外負擔包材費用），不僅省了荷包，亦符合環保、減塑、健康生活的概念。

最後，再次跟各位讀者朋友推薦這本書，相信透過文字，可以使大家更加感同身受，將書中傳達的永續生活概念落實在生活中，並從日常生活的小細節開始身體力行，久而久之就會變成一種根深蒂固的好習慣，更重要的是「以身教代替言教」，用自身實行的零廢棄生活來教育我們的下一代，同時培養回收再利用的環保觀念。

您可以和孩子一同在家中細讀本書，依照書中所說的方法，一起

DIY製作保養品、清潔劑、洗衣粉、洗面乳、甚至牙膏，不但可以增進親子間情感，拉近彼此之間的距離，亦是一場極具教育意義的家庭教學，一舉兩得，何樂而不為呢！

期許各位朋友們，能夠跟我們一起動起來，讓北極熊不再哭泣，地球只有一個，需要我們大家好好愛護，共勉之。

（本文作者為惜食減塑推手、Unpackaged.U商店創辦人）

專文推薦

——•——

成為地球英雄
的入場券

黃楸逸

才剛熬了一整夜，終於上傳Greem Team企畫書到提案競賽的頁面，抬頭朦朧地看到了窗外的天光時，收到一個陌生來訊，原來是本書編輯發出的序言邀稿。讓投入零廢棄生活僅四年的我感到受寵若驚，非常榮幸地接受閱讀本書的邀請。

有感台灣相關的零廢棄資訊，大部分都零星分布在網路上，然已翻譯或由華語撰寫的零廢棄書籍，就我了解，可說是屈指可數，選擇真的不多。滿懷著期待的心情翻開本書，我只能說：「這本書真是太棒了！」

如果你擔憂地球的未來、環境的破壞，我強烈地建議你打開這本工具書，因為，這本書是你最容易取得、一同成為地球英雄的門票。

身為環境教育工作者五年、投入零廢棄生活四年，同時經營台灣

零廢棄社團已經超過三年的我，每次翻閱這本書，總能發現許多自己還沒注意到，或還沒達成的小祕訣。

蘇小親清晰整理出多元且簡易的實踐方法，超過市面上所有華語相關書籍。此外，我也享受在閱讀過程中，字裡行間飽含歡快與善良的情感。

零廢棄的生活模式，本身就建立在對生命和土地的善意之上，儘管過程中需要突破舒適圈的時間與努力，但並非痛苦的禁慾，反而是更了解自身、訓練「有意識的消費」的自我成長之旅。

可愛的蘇小親毫不諱言承認自己和丈夫是懶人，其實我也是。如果你沒嘗試過，會很難想像，零廢棄的思考訓練，真的能讓人們享受生活的細節，了解食物的來源、垃圾的去向，而非汲汲營營的食不知味、僵化地將自己融入零碎分工到盲目的體制中。

開始零廢棄後，幾乎不需要倒垃圾、節省大量整理雜物的時間、節省購物時間跟花費，更重要的是，每次購物後內心充滿歡愉與成就感，相信世界又再度往永續、和平、尊重的方向前進。

我相信，每個人在嘗試零廢棄的過程中必能獲得成長，儘管在這旅程上總會發現更多進步的空間，因為追求永續的目標沒有終點。但我自己也因此結交到志同道合的朋友、獲得多方能力的成長機會。

目前除了經營台灣零廢棄社團外，也號招了一群關注台灣環境、認同零廢棄生活理念的夥伴，成立 Green Team 團隊，計畫建置台灣在地的綠循環地圖，彙整所有能幫助大眾的達成零廢棄的資源（例如：飲水機、裸賣店、二手商店、環保消費優惠），以及零廢棄基地網

站，整理零廢棄的報導新知、實體活動、書籍影片資源。

　　Green Team期待可以藉由網站和地圖，讓更多人能更快速和便利接觸零廢棄資訊。除了閱讀本書，也邀請你加入台灣零廢棄社團，用不同的媒體介面，持續關注台灣廢棄物議題，為台灣的下一代、其他生靈，留下一塊能永續生存的淨土。

　　　　　　　　　　　　（本文作者為台灣零廢棄社團創辦人）

往日生活型態
的現代版

　　許多人在看到我和老公的居家生活只製造出一丁點垃圾時，都大感不可思議。大家在看到我們一年下來所收集的不可回收廢棄物與廢塑料，只有一個一夸脫（約946c.c.）容量的玻璃罐那麼多時，大多數人的共同反應是：「絕不可能，那不是真的吧！」

　　好吧，我們其實並不是像這個垃圾罐所顯示的，過著完全零廢棄的生活，除了垃圾罐裡的東西外，我們還多製造了：6.5磅（約2.95公斤）的廢紙、0.2磅（約0.1公斤）瓶蓋和釘書針之類的金屬垃圾、十多個瓶瓶罐罐，還有廚餘（在我們終於有了足夠勇氣嘗試「養蚯蚓當寵物」這個顛覆傳統的點子後，現在廚房裡是用廚餘做堆肥）。當然，這些全是可回收的垃圾，我們的垃圾罐則收集了不可回收的東西（理論上塑膠是可回收的，卻因為各式各樣的原因多半無法回收，詳見第11章）。

　　每次我們和老一輩的人談這個話題，得到的反應卻和身邊親友的回應截然不同。他們往往大笑以對，告訴我們這些「年輕人」說：「喔，拜託！過零廢棄生活根本就是老掉牙的舊聞了！」還經常給我們這方面實用的建議，像是如何不用那些噱頭十足的化學玩意兒疏通堵塞的水槽、是否試過用碗盤擦拭布裝三明治……等等。

　　其實，不過數十年前，每個人都過著「零廢棄生活」。那時候當然不會有「零廢棄」這個名詞，因為對當時的人來說，那是最平常、最普通的生活型態。現在這種浪費資源的生活方式，是近幾年才開始普及的。有人指出這種生活不但稱不上進步，反而極為短視，短暫的快感之後，終將樂極生悲，讓人懊悔不已。

廢棄物處理場。

對垃圾的存在視而不見

　　垃圾已經成為日常生活中不曾缺席的一部分，我們似乎也習以為常，所以從來不會停下片刻思考有關垃圾的種種。我們把用完的洗髮精空瓶丟到垃圾桶，然後把垃圾拿到外面丟棄。散發惡臭的垃圾袋離開了家門，從我們眼前消失，便眼不見為淨。

　　我們當然知道，垃圾不會只化成一縷輕煙消失在空氣中，還有垃圾掩埋場這種東西存在。有些人已經知道，資源回收並非如我們所想的那樣環保——把可回收的廢棄物一船船運往世界各地丟棄或處理，已是司空見慣的事。

　　海洋被塑膠垃圾淹沒的消息，也時有所聞。我們擔心垃圾正在破壞整個食物鏈，而且已經找到通往我們餐盤的途徑[1]。但不知道為什麼，我們在購物、買咖啡喝，或是把一條有機小黃瓜從塑料保鮮膜裡拿出來的時候，從來不會把這一點當作首要考量。

　　美國國家環境保護局（United States Environmental Protection Agency）指出，在2014年，美國的人均垃圾製造量為1,620磅（約735公斤），相當於一個人一天就製造了高達4.44磅（2公斤）的垃圾！但所有垃圾在收集清運後，都去了哪裡？在美國，34.6%的垃圾可以回收再利用，12.8%經由焚化轉換成能源，其餘就去了垃圾掩埋場[2]。相較於歐洲一些國家，像是荷蘭、德國和瑞典，已經禁止使用掩埋垃圾的處理方式[3]。

　　鼓吹資源回收的運動在全球各地鋪天蓋地展開，多到不可勝數。但到頭來，資源回收對我們的垃圾問題只是治標不治本，尤其自從有了「可回收」標識後，情況更加惡化，因為我們經常把它當作製造垃圾的通行證：「沒關係的，反正這是可回收的東西！」

　　如果我們從一開始就不製造大量垃圾來破壞環境，只需要設法修復受損的地方，不是更好嗎？更不用說，我們一般所謂的「回收再利

1. Weikle，〈微塑膠出現在超市販售的魚、甲殼類水產品〉（Microplastics found in supermarket fish）或 Smillie，〈從海洋到盤中飧〉（From sea to plate）。
2. 美國國家環境保護局，〈提升永續物料的管理：2014現況報告〉（Advancing Sustainable Materials Management: 2014 Fact Sheet）。
3. 歐洲環境署（European Environment Agency），〈全歐洲城市廢棄物管理〉（Municipal waste management across European countries）。

用」（recycling），其實常常只是「降級回收」（down-cycling）而已，也就是把原始材料轉換成通常不能再回收利用的劣質品。

如果我們在對抗氣候變遷（或全球暖化）一事上是認真的，那麼唯一能帶來正面改變的辦法，就是減少對環境的衝擊，以及調整我們的心態。

其中的關鍵**不在於回收更多，而是如何製造更少垃圾**。

一個「世界末日級」的錯誤？

我們都很清楚，經濟是奠基在「成長」之上。這意謂我們必須不斷地消費更多，才能持續滿足對經濟成長的期望，因為成長表示經濟「健全」。

在這方面，我們確實表現卓越，保持成長於不墜。儘管家中已經囤積了許多東西超出需求，或是根本用不完，我們依舊買不停。如果生活在地球上的每個人的人均消耗量和一個普通的美國老百姓一樣多，我們需要四個地球才足以維持我們的消耗需求。

遺憾的是，我們只有一個資源有限的地球。長期來看，追求無止境的成長，最後一定無以為繼，但我們至今依舊靠此系統運作。我認為，一個奠基在追求無止境成長的系統，從一開始就注定會失敗。我把它稱為「世界末日級的錯誤」，因為一個未經深思熟慮而犯下的錯誤，將帶來不堪設想的毀滅性後果。

不論我們是否接受這個事實，事情一定要改變。一些經濟學家呼籲，要把經濟成長的焦點放在質的成長而非量的成長，主張「去成

長」（degrowth）的經濟學家也想出了其他可替代的社會架構，來善用我們有限的資源，達成經濟平等。他們主張以「更好」（better）來取代「更多」（more）。

> 人們不喜歡聽到派對結束了，尤其在他們享有
> 特權、生活於權貴階級時，更是如此。
> ——社會心理學家哈洛德‧威爾策（Harald Welzer）[4]

此外，去滿足我們追求更快、更新、更便宜的貪婪欲望，甚至不會讓我們更快樂！美國的國家幸福指數在1950年代臻於最高峰[5]，換言之，從此只有走下坡。可以肯定的一件事實就是，我們渴望更多的結果，是惡化了地球另一邊人民的悲慘處境，那裡的勞工（有些還是童工）遭到剝削，只為了滿足我們對快時尚和廉價商品的熱切需求。

零廢棄就是把「減少垃圾」視為首要之務。只要你開始付諸行動，把自己的垃圾製造量減到最少，就會帶來一些美好的副作用——你會自動開始少買東西；你也會更審慎地選購物品，聚焦在真正會讓自己感到快樂或幸福的東西上，而不是滿足一時的快感。你會開始把重點放在「更好」而非「更多」上。

請記住：我們可用的天然資源有限，而且在不斷減少中。然而，就像經濟學家修馬克（E.F. Schumacher）於1975年所指出的，我們把

---

4. 北德廣播電台（Norddeutscher Rundfunk），〈新領域〉（Neuland）。
5. McKibben，《在地的幸福經濟》（*Deep Economy*），35-36。

市面上有許多設計成「用完即丟」的商品。

地球資源當作可以任意揮霍的收入，而不是無可取代的資本[6]。我們正在大量浪費稀缺的有限資源，像是用化石燃料生產一次性的塑膠製品。看著我們把日漸減少的資源浪費在生產那些用過一次就丟棄、馬上變成垃圾的物品上，不是很荒謬嗎？

再者，因為一次性包裝產品的用途就是用過即丟，所以售價必須壓到非常便宜。為了削減成本，就必須低價生產，因此只能將成本外部化。換言之，為了追求廉價，只好犧牲勞工和環境。只具一次性價值的資源，往往會轉換成有毒廢棄物，經由食物鏈（例如：變成微塑膠〔microplastic〕）或是汙染地下水的途徑而回到人體。到最後，我們終究必須為低廉的售價，付出健康的代價。

要解決問題，而不是成為問題的一部分

企業指責消費者只想用低得離譜的價錢購買精美商品，讓企業無法供應更環保的永續性產品。另一方面，消費者則說做出影響重大決

---

6. 修馬克，《小即是美》（*Small is Beautiful*），14。

策的是企業，當然是企業需要先改變。坦白說，對於雙方交相指責的這種戲碼，我已經深感厭煩了。

這是一個沒有贏家的乒乓球賽，沒有人願意負起責任。置身於這樣的環境中，很容易讓人產生無力感，覺得自己只是芸芸眾生中的一個，做不了任何影響廣大的決策。

就我自己來說，我既通過不了任何法案，也不是大企業的執行長。但我會因為這樣就覺得自己勢單力薄、無力改變嗎？並不會。對於生產和運輸過程中所產生的上游廢棄物，我單憑自己一個人的力量可能無法產生直接的影響力，但我可以樹立榜樣，站在消費者的立場，拒絕廢棄物。

> 對我來說，零廢棄就是
> 在我自己做得到的範圍內，
> 具體地實行。

我意識到一件事，我對自己的消費有完全的自主權。現在該是我向這種風行的消費趨勢說「不」的時候了，我可以選擇把錢用在能創造福祉的地方。

人們總是告訴我，我所做的事情不過是滄海一粟，微不足道。但不妨從另一個角度來思考。氣候變遷或全球暖化也不是某個有權有勢的人單憑一己之力造成的，沒有人做得到；它是數以百萬計的人經年累月共同導致的。我的一位同事以前常說：「你怎麼上階梯，就怎麼

下階梯──事情都是一步一步來。」不用說也知道,我選擇創造
正面的影響力,而不是去扯後腿。

　　我們可以在許多小事情上做出貢獻。我們花的每一筆購物
消費,無論是出於有意或無意,都
是在表達對這件產品的更多需求,
等於是投下贊成票支持廠商生產更
多這項產品。如果我買快時尚的服
飾,就會有更多快時尚被生產出
來。我們的購買無異告訴公司,繼
續它們的生產方式是有利可圖的。

　　好消息是,這也表示我們有力
量支持那些致力於創造正面改變的
企業!

荷蘭的無包裝商店一角,調味料也可以散裝購買。

32

　　但要注意了，如果我們選擇不成為這個系統的一部分——譬如說，過著水電自給自足的生活，或者成為不消費主義者（freegang，不買任何東西，完全仰賴被人們浪費的物資過生活）——我們就放棄了「用購買行動投贊成票」的權利。

　　雖然成為不消費主義者確實具有微小的影響力，但我寧願選擇去創造對某些東西的需求，那些我相信它們有朝一日會成為常態，而不是例外的東西，像是有機食物、公平貿易貨物和無毒產品等等，它們都在生產過程中製造出最少的廢棄物和包裝。

德國的無包裝商店，以減少包裝浪費為理念，維護環境的永續發展。

對更具永續性的產品表達、創造更多的需求,可以徹底改寫遊戲規則。儘管仍有改善的空間,但生產銷售這些商品,可以迫使大企業迎頭趕上這股潮流——整個經濟系統運作的規則就是透過這種方式,逐步朝一個對所有人都更有益的環境來改變。

或許,現在該是停止把我們定義為「消費者」,而是「廣大群體的一員」的時候了。身為廣大社會群體的其中一員,會致力於「更好」,而不是「更多」。當我們停止買更多,會突然發現手上有了更多時間,可以運用在生活中更重要的事情上。只買真正有需要的東西,會讓我們省下許多錢——這反過來也會提供我們更安全、更健康也更公平的產品選擇,像是有機食物!

販售散裝食材與
雜貨的無包裝商店
致力於幫助顧客
實行零廢棄生活

零廢棄的生活方式

▶零廢棄生活的六大好處

讓我們老實說吧！大多數人不會犧牲自己舒適的生活，來增進「大眾的福祉」。我和丈夫哈諾恐怕也不例外。我們每一年都會提出野心勃勃的計畫，決心要付諸實行，但很少有哪項能貫徹到底。

有時候，當我的努力受到其他人的稱讚時，我會覺得有點心虛，因為老實說，我是那種早上被鬧鐘叫醒後，會掙扎著是否要去按鬧鐘上的打盹按鈕的人，完全不是大家想像的那樣堅毅不拔（好啦，我知道不應該這樣）。不過，雖然我們兩個是出了名的容易三心二意，對零廢棄這一點卻一直堅持了下來，徹底貫徹這種生活方式。

或許這樣說會更精準些，就是我們掉進了零廢棄這個大坑裡，再也不想爬出來了。我們享受到了伴隨這種生活方式而來的種種好處，當然就不想錯過零廢棄生活囉！

好處一：變得更健康

儘管事實擺在眼前——塑膠會釋出雙酚A（Bisphenol A, BPA）、磷苯二甲酸酯（phthalates）等有害物質，但今天幾乎每一樣東西外面都會包覆一層塑料，例如：小黃瓜外面包著塑膠膜，洗髮精裝在瓶子裡，甚至是一瓶水也和塑料脫不了關係。研究發現，這些有害物質可能會致癌，也會導致女性青春期提早、男性不育、過動症和神經方面的疾病等等。這些物質也與肥胖和第二型糖尿病有關。看到加拿大新聞社（Canadian Press）的報導，裡面提到在尿液中驗出雙酚A的情況

非常普遍¹，讓我震驚不已。

尤其是一次性使用的塑膠製品、全新的塑膠產品和新衣服等物品所釋出的有害物質和毒素劑量，格外令人憂心。過零廢棄生活可以大量減少暴露在有毒物質的環境下。清潔劑中的腐蝕性化學物質以及化妝品裡的混合化合物，隨著你開始過零廢棄生活，採用天然替代品（如果你和我一樣是過敏性濕疹患者，這會讓你如釋重負）後，也都不會再是問題。

此外，你也會逐漸以富含營養的天然食物，甚至是有機食物，來取代加工食品和垃圾食品。

好處二：省下更多的錢

乍看之下，零廢棄生活似乎是精英人士的生活型態。去農夫市集採購或是購買有機食物，價格確實更昂貴。但就我們的經驗來說，即使我們現在都是購買有機食物，我們的總開銷相較於過零廢棄生活之前，卻大為減少。

因為我們在其他方面所省下的錢，超過我們購買有機食物的花費。這很合理啊，你看，一個又一個品項——譬如，有許多都是藥妝店商品——在我們開始過零廢棄生活後，便陸續從我們的預算清單中完全消失。

我們從中學到了一些事情，包括：

---

1. 加拿大新聞社，〈大多數加拿大人尿液中檢驗出雙酚A，血液中檢驗出鉛〉（Most Canadians have BPA in urine, lead traces in blood）。

● 日常生活的消費變少了

我們只買我們需要的，通常是用完了才補充，而不會買來囤購。我們有時候也會放任自己衝動購物，但不論買了什麼，還是能大大結省荷包──我們不是衝動購買一件衣服，而是買了原本不在購物清單中的綠色花椰菜。

● 許多日常用品的售價比它們的內容物要貴很多

清潔用品、美妝與保養品，這些東西真的非常貴！我們卻對標籤上的定價已經習以為常，完全無感了。其實，加工食品要比自製相同的食物更貴。而且到了最終，垃圾食品會要你付出健康亮紅燈和花錢就醫的代價。

● 重「質」而不是重「量」

德國有句俗話說：「買便宜貨的人要付出兩倍代價。」購買可以用一輩子的高品質物品，一開始可能要花較貴的錢買，但長期下來還是划算許多。

● 以「重複使用」取代一次性用品

濕紙巾、面紙、捲筒式衛生紙、錫箔紙和蠟紙……等等這類一次性用品，它們的用途就是用過即丟。換句話說，我們一輩子都必須不斷添購這些東西。使用可重複使用的替代品，長期下來，會讓我們省下很大一筆開銷。

● 選擇自來水

你知道嗎,即使瓶裝水的品質管制不如自來水,但飲用瓶裝水的花費竟然可以比喝自來水高出500倍(這可以根據你的水費帳單算出)!更不用說,你在喝瓶裝水的時候,也會把塑膠瓶身釋出的雙酚A或磷苯二甲酸酯一起喝下肚[2]。

其實,硬水含有豐富的礦物質。如果你想知道自己居住的州或地區是否有供應硬水比較好,很簡單,只要上本地供水商的網站查詢就行了[3]。

雖然你的家電可能會向硬水發出抗議[4],但你應該要喜歡喝自來水。事實上,硬水的定義就是一種富含礦物質的水。據美國地質調查所(U.S. Geological Survey)指出,飲用硬水可以補充身體所需的鈣和鎂[5]。

● 少即是多——東西少,錢就多

擁有許多家當,要燒錢很容易。因為這些東西需要空間來儲存,還需要維修,這些都要花錢。如果你有租用倉儲、不斷搬家或是買更多物品,必須想方設法騰出空間來容納你的東西,或許就能深刻體會

---

2. Carwile等,〈聚碳酸酯瓶的使用與尿液的BPA濃度〉(Polycarbonate Bottle Use and Urinary Bisphenol A Concentrations)。

3. 譯注:台灣各縣市的水質硬度可以上台灣自來水公司網站的「平均水質」頁面查詢。

4. 譯注:因為硬水有大量的鈣、鎂,容易在熱水壺中形成水垢、結晶,因而造成故障。

5. 美國地質調查所,〈水的硬度〉(Water Hardness)。

你家的水管是鉛管嗎？

　　根據美國水行業協會（American Water Works Association）的統計顯示，還有650萬戶仍在使用鉛管，而且不僅限於老舊建物。美國許多城市和地區仍在使用老舊的鉛管配水管線。有些城市，譬如紐約，為了減少溶於水的含鉛量，在水中加入了磷酸（phosphoric acid），並隨時監測和調整PH值。

　　如果你住在1985年前的房子，很容易就能檢查你家的水管是否含鉛。如果水管呈深灰色，很容易就能在上面刮劃，如果刮痕呈銀色，那就是鉛管。飲用水含鉛，不能等閒視之。將水煮沸不但不能除鉛，反而會增加鉛的濃度。你可以詢問居住地的水務局，他們是否仍在使用鉛管配線。

　　如果你住在老房子，記得檢查家中的水管[6]。你應該不會有事的，但如果你家的自來水真的含鉛，不妨考慮加裝一個獲得美國全國衛生基金會（National Sanitation Foundation, NSF）認證符合其檢測標準的濾水器，便能把鉛過濾掉。

---

6. 編注：2015年，媒體指出全台仍有36,000戶民宅，是透過老舊的鉛製管線供水，引發用水疑慮，之後台北市全面汰換鉛管，其他縣市也陸續汰換。想知道你家是否使用鉛管，可至台灣自來水公司的網站查詢：https://www8.water.gov.tw/ch/03service/ser_08a.asp

到擁有東西會花掉辛苦賺來的錢[7]。

● 少付垃圾清運費

　　許多美國城市會按垃圾量徵收清運費用。使用較小的垃圾桶或是少用垃圾袋，就能省錢。

好處三：簡化你的生活！

　　我們不管去哪裡，都會被各式各樣令人眼花撩亂的商品所淹沒，鼓勵我們買更多。這種刺激消費的做法大為成功，我說不定也會加入這個消費行列。所有人都認為，我們需要一種高專一性的類固醇，來治療大部分因為做家事所導致的身體不適。

> 根據統計，在2008年，美國普通超市
> 的上架商品，種類幾近47,000種之多，
> 比1975年的上架商品數量高出五倍[8]。

　　這種選購商品的過程會如何影響我們的心理？由於我們被琳瑯滿目的商品所淹沒，購物的決定過程令人備感壓力，這種現象被稱為

---

7. 編注：台灣的狀況部分類似這樣，例如台北市與新北市，也是採取垃圾費隨袋徵收的方式。

8.《消費者報告》(*Consumer Reports*)，〈當貨架上有太多商品可以選擇時，怎麼辦？〉(What to Do when There Are Too Many Product Choices on the Store Shelves?)

「決策疲勞」（decision fatigue）。你為什麼要把腦力浪費在決定要買哪些東西這類日常瑣事上？

　　反之，過零廢棄生活有助縮減你的選擇，使你在忙碌的生活裡，享受腦袋不打結的輕鬆感。

好處四：把更多時間用在更重要的事情上

　　每次我告訴別人，我每一樣東西都是散裝採購時，他們都認為我們一定至少要去27家以上的商店，採買我們一週需用的所有食品雜貨。其實，情況恰好相反。我們現在不必再傷腦筋在採買食品雜貨上了（參考第3章）！

　　垃圾也是一樣。所幸，垃圾不再成為我們日常生活的重心，我們

不用再絞盡腦汁如何回收利用某類塑料、不用再處理廣告傳單、不用
再爬到五樓把垃圾拿出來丟掉。

　　我們把多餘無用的雜物清掉後，整個家看起來整潔又舒適。煩人
的家務瑣事如今也變得輕省無比。

　　我們現在不必再把時間浪費在商店裡，盡「消費者」的義務（賺
錢就是為了花錢），或是浪費在分類可回收物品、整理我們的家當，
或清理家務上。我們非常享受目前的生活，可以把更多時間花在喜歡
的事情上，去做那些過去我們常掛在嘴邊說，只要有時間就會去做的
計畫，或者乾脆什麼都不做，只管放空發呆。

好處五：自己決定買什麼，找回購物自主權

2013年，各家廠商花在電視廣告上的總金額高達780億美元。電視廣告變得愈來愈短，這樣每個廣告時段才能塞下更多廣告[9]。這個金額是美國國會預算局（Congressional Budget Office）預估美國政府於2017年花在健保補助上的總額的1.5倍[10]。我們的社會似乎鼓勵大眾更多消費，而不是省錢過生活。

---

9. Luckerson，〈這就是為什麼看電視如此受干擾的原因〉（Here's Exactly Why Watching TV Has Gotten So Annoying）

10. 美國國會預算局，〈醫療保健〉（Health Care）。

零廢棄有助於降低視覺的雜亂感。

　　羊毛出在羊身上，我們作為「消費者」，最後就是要為廠商生產及播放商品廣告的成本買單。播放廣告的目的，說穿了就是吸引更多生意上門，洗腦消費大眾購買特定品牌的產品。我不知道你會怎麼做，但我不會把辛苦賺來的錢往那兒送；我也不會去買包裝商品。

　　從我們決定過零廢棄生活開始，我就學會了對廣告強加於我們身上的視覺雜訊視而不見。我購買環保的永續性產品，支持那些不隨波逐流、致力於帶來正面改變的農民和企業。

好處六：居家環境更加賞心悅目

　　這聽起來好像不相干，可能會有一種硬加上去的感覺，但沒有多餘雜物的零廢棄居家生活，家裡看起來就是舒服。所以，我說賞心悅目並沒有錯。有誰不想要一個漂亮舒適的居家環境？

　　對那些看起來就像是來到小型水療渡假村的現代化浴室，你是不是很羨慕呢？看到它們刊登在雜誌和型錄的照片，總是那樣光彩奪目，吸引眼球。假設你決定要花一筆小錢重新裝修家中那個已經讓你看到生厭的浴室，裝修完後，它看起來棒極了，直到所有的衛浴「必需品」湧進，亂七八糟地占據著你新裝潢好的私人樂園──你知道我指的是什麼，就是那些顏色酷炫的塑膠瓶罐，裡面裝了洗髮精、沐浴乳和乳液等等。不知為何，牙膏和牙刷總是採用大膽突兀的三原色包裝，這會破壞你的新浴室的美感。

　　產品包裝的設計用意，是為了吸引人們的眼球，以及建立品牌；因此產品包裝成了廣告的最佳畫布，來大玩行銷噱頭。每一種產品包

裝都想要在令人眼花撩亂的產品中脫穎而出,吸引消費者的眼球。因為我們總是習慣在家中囤積各種大大小小的物品,這會讓家裡看起來非常雜亂,十分不舒服。

想要賞心悅目的居家環境,就過零廢棄生活吧!

CHAPTER

2

如何開始
零廢棄生活

清點自己的習慣

請以使用食譜時的輕鬆心情，應用本書。你可以從下面的內容裡，了解零廢棄的心態，並找到實行的靈感。你可以試試隨便一個書中提供的新妙方。

了解你自己

在開始之前，最重要的事情，就是了解你自己和你的生活習慣。你是喜歡逛街購物的人嗎？你的房間多久整理一次？你偏好吃外食還是自己動手做？不論是你原本的想法或習慣，你了解的愈多，就愈有助你在展開零廢棄生活時，找出屬於你的獨特挑戰，也能由此知道哪些挑戰對你來說是小菜一碟，哪些挑戰比較棘手。

起步是最困難的。
只要開始了，
後面自然會水到渠成。

先聚焦在比較容易解決的難題上，這樣做很合理，然後再由此繼續深入。我們實在沒必要把生活搞得愈來愈複雜，對吧？我自己就是「凡事先從一小步開始」這個理論的忠實支持者，先從最簡單的開始，再慢慢進階到最難搞的「大魔王」。一步一步來，雖然慢，卻可以穩健贏得最終勝利，這就是龜速前進的威力！

分析你的垃圾

花一個星期，收集這個期間你所製造的每件垃圾。沒錯，連你本來要拿出去丟掉的垃圾都要收集。你可能覺得這聽起來實在是太噁心了，沒關係，也不是只有這樣一個做法，你也可以選擇收集分類垃圾袋裡的每樣東西（市面上可以買到能夠重複使用的分類垃圾袋和分類垃圾桶），或者只用手機拍下。

記住：選定一種做法就不要再換，這樣的話，之後要檢視結果時就輕鬆多了。在這一個星期裡，千萬不要改變你的行為，一切照常就對了，因為這樣做的目的，就是為了瞭解你的日常習慣。

好用小撇步

拍下前後的記錄照

除了分析垃圾之外，你還可以把購買的東西，不論是衣服或食物都拍下來。這樣，你就會有「改變前」的照片檔案，可以作為「改變後」的對照。沒有「改變前」的照片，我們很可能會苛責自己，覺得自己沒什麼太大進展。我自己就很後悔沒有在開始過零廢棄生活的過程中，拍下任何一張照片。

記下前後的所有開銷

試試記帳，把你開始零廢棄生活之前和之後的所有開銷都記錄下來。記帳會明確地告訴你，你在「之前」把錢花到哪裡去了，以及零廢棄生活將會如何最可能幫你省錢。你可以把它記在一張紙上，或是利用 Excel 提供的記帳工具。

一星期結束了，來檢視你的垃圾吧！你收集的哪種垃圾比較多？是包裝材料嗎？還是免洗餐具、外帶的飲料杯？你在忙碌生活中所吃的那些速食調理包、微波加熱便當、冷凍食品，你收集最多的垃圾是從這些東西上拆下來的嗎？把它們通通記錄下來，並拍照存檔，留待日後參考用。還有，請不要覺得有罪惡感！

現在，可以來檢閱你的照片和筆記了。其中累積量最多的垃圾就是你的「痛點」，也是你開始零廢棄生活後，最具潛力可以見到顯著改善的部分。本書會針對一些最常見的痛點，提供簡易的解決妙方，你可以根據自己的問題參考相關章節。譬如說，如果外帶杯和速食是你最大宗的垃圾來源，就可以直接跳至第3章。

▶ 減量、重複使用、回收再利用

你可能聽過3R，也就是減量（reduce）、重複使用（reuse）與回收再利用（recycle），這是一套很有用的記憶系統！全球各地的學校、廢棄物處理場、非營利組織和政府各局處，都在使用3R來教育一般大眾認識環境的永續發展。

如今，從3R又衍生出更多的R，已經有許多人以3R為基礎來擴充自己的版本。我甚至看過一個二十多R的版本來鼓勵人們過著更永續的生活，令我印象深刻並大受激勵，其中包括了**尊重**（respect）和**復原**（recover）這兩個很重要、卻很少獲得關注的面向。

零廢棄運動發起人貝亞·強生（Bea Johnson）也提出了她自己的

5R版本。我要鼓勵你利用這個基本的3R，建立起對自己有用的記憶輔助法！

以我自己為例，我的R版本是：

> 1. 反思（Rethink）：自我賦能
> 2. 減量（Reduce）：少即是多
> 3. 重複使用（Reuse）：物盡其用
> 4. 修補（Repair）：延長物品的壽命
> 5. 回收再利用（Recycle）：先分類再處理

第一個R：反思

在我看來，要過零廢棄生活，首先必須調整心態，做到自我賦能（empowerment）。我們在設法敞開心胸嘗試新事物的過程中，學到了去挑戰現狀，進而踏上通往幸福之路。很多人往往沒有深入仔細地思索，就拒絕零廢棄的觀念，覺得這樣做太不自由了，會被重重限制。我把這種看事情的角度稱為「缺陷導向」（deficit-oriented）。

這種想法一點都不奇怪，因為我們剛接觸零廢棄的觀念時，常以為必須放棄所有的東西。在我們周遭，形形色色的廣告從四面八方轟炸我們，告訴我們只要購買這個品牌的高檔豪華車、那個品牌的體香劑，或是飲用來自法國某座高山的礦泉水，我們的生活就會變得多麼美好。可是，美國的幸福指數卻是在幾十年前的1950年代臻於最高峰，而不是擁有更多東西的現在。

「總的來說，我們是擁有了更多的東西，卻更不快樂。」著名環保學者比爾・麥奇本（Bill McKibben）在他的著作《在地的幸福經濟》（*Deep Economy*）中下了這樣的結論[1]。

長期而言，物質不會讓我們幸福，因為我們很快就會對手邊的東西習以為常，原有的新鮮感迅速消退。財務安全感確實會讓我們感到幸福，因為不必為貧窮帶來的生存威脅而煩惱[2]。然而一旦跨過財務自由的門檻，再多的錢也無法增加我們的快樂。但花時間與朋友或伴侶相處，還有健全的心理，確實會提升我們的幸福感[3]。

此外，最引人關注的是行善──回饋、支持別人、為某個目標或運動擔任志工或其他自願服務──也會讓我們更快樂[4]。我在書中也強調行善的重要，來對照出沉溺於消費主義所帶來的剝削和汙染等損人不利己的附帶品。我知道，面對巨大的改變讓人害怕，但過一個更符合自己價值觀的生活，由此發現一個嶄新世界，我保證，你的改變絕對值得。

第二個R：減量

每個人家中多少都有這類物品──例如：亂買沒用的東西，像是衣櫥中那些很少穿或從來沒穿過的衣服，每次看到它們都會讓我們覺

---

1. 麥奇本，《在地的幸福經濟》，35-36。
2. Simon-Thomas，〈什麼是幸福的科學？〉（What is the Science of Happiness?）。
3. Inman，〈最新研究指出，幸福繫於健康和朋友，不是財富〉（Happiness Depends on Health and Friends, not Money, Says New Study）。
4. Simon-Thomas，〈什麼是幸福的科學？〉。

得很有罪惡感，還有一疊疊連對方的臉都想不起來的陌生名片、多到夠用500年的筆、永遠不會叫的外賣菜單、惱人的廣告傳單，以及一瓶瓶看起來像是在玩具屋裡迷路的迷你洗髮精和沐浴精。

好用小撇步

婉拒名片或傳單，改用手機拍下來

只要你能夠用委婉的語氣說明原因，就不會讓對方感覺自己被拒絕，你可以說：「非常謝謝你！你知道嗎，我要把你的名片拍照存檔。這樣，我就能隨時用手機隨身攜帶你的資訊，而不是把你的名片留在抽屜某個角落。而且，你會有機會再用到這張名片的！」

一招解決免費贈品的誘惑

像原子筆或迷你瓶裝洗髮精這類免費贈品，實在很有誘惑力。我發現有一招很有效，就是提醒我自己，這些東西通常都是劣質貨。

它們一定都是低成本生產，這表示其中包含了很多有害物質，是犧牲工人利益製造生產的，還會產生危害嚴重的產品環境碳足跡；根據環保團體「更健康的解決之道運動」（Campaign for Healthier Solutions）的研究指出，在他們所檢驗的一美元商店（也就是百元商店）販售商品中，有81%的商品至少含有一種有害化學物質超標[5]。

此外，這些東西會把家裡弄得亂七八糟——要不因為太好用而捨不得丟，就是沒什麼用就懶得整理。為什麼要優先處理這些東西呢？

5. Taylor，〈慢了一步〉（A Day Late and a Dollar Short），3。

上述的所有東西，都必須經過製造、包裝和運送的過程，其中的每一步都會消耗珍貴的資源。與其囤積用不到的多餘物品，把它們送給那些會善用它們的人，不是更明智的做法嗎？透過物品的轉送和流通，我們就可以少買東西，也不必再為了滿足我們的需求，而耗損稀缺的資源來生產更多東西！

第三個R：修補

我們今天生活在這樣的一個時代：酷炫新玩意的賞味期只維持到下一代產品上市前的短短幾個月期間、快時尚的潮流服飾店每星期會上架不同系列的新品、買一台新的印表機比更換墨水匣還要便宜。於是，出現了一個名詞來形容這種現象：「計畫性汰舊」（*planned obsolescence*）。換言之，商品是有計畫性地被設計成短命，好讓消費者可以快速換新。

但事情可以不必照此發展。許多物品可以透過修理、修改或修補，擠壓出可延長的使用壽命。每次要購物時，請先做好功課，選購優質又可修復的物品。

即使你不是維修萬能通，還是可以尋求修繕專家來解決。

你也可以找所謂的維修咖啡館[6]，左右鄰舍在此互相幫忙修理各種東西。這是很棒的社交活動，我很欣賞這種場所連結彼此的方式。

---

6. 編注：起源於荷蘭的減少浪費運動，讓有修復技術的人聚在一起，由志工幫助上門的顧客，修復已經損害的各種物品，期間大家可以喝咖啡聊天，台中市政府環保局也提供此項服務。

選擇可重複使用的物品，來替代一次性物品。

第四個R：重複使用

　　一次性商品對銷售它們的公司而言，當然是利多。像是棉花球、濕紙巾或捲筒式廚房紙巾等，都是消耗品。也就是說，這些東西一定要不斷地花錢購買補充。所幸，每種一次性物品幾乎都有可重複使用的替代品！

　　對我來說，可重複使用的東西也包含選擇二手物品。這個世界充斥著過剩物品，我們所要做的，就是把它們適當地轉送出去。如此一來，我們就不必浪費珍貴的資源來生產更多的東西。

▌ 找出你自己的Ｒ！

現在輪到你了！我們每個人的資源、可使用的軟硬體基礎設施不同，面對的挑戰不同，人生景況也不同。因此沒有一體適用的方法，我相信自我賦能就是你要去擁抱內在那個強大的自己，進而創造出屬於你自己的獨一無二事物。

以下有更多的Ｒ供你選擇，去構成你自己的記憶輔助法吧！

- 尊重（respect）
- 復原（recover）
- 負責（Responsibility）
- 反省（Reflect）
- 重建（Rebuild）

- 回收（reclaim）
- 重新評估（Reevaluate）
- 賦予新用途（Repurpose）
- 拒絕（Refuse）
- 改造（Reinvent）

第五個Ｒ：回收再利用

　　隨著心態更新（反思）、清掉過剩物品來減少消耗、購物重質不重量，以及以修補取代換新，和儘可能養成重複使用的習慣後，你的垃圾應該已經大為減少了。最後，就是把任何可回收的東西再利用。

　　好好了解你所居住縣市的回收政策，如果縣市政府有提供堆肥箱，那就太好了！如果沒有的話，不妨考慮自己在家做堆肥，把像是廚餘這種無法避免的垃圾（參考第11章）回收再利用，是對環境最友善的做法。在家做堆肥，表示可以杜絕交通運輸的汙染排放，珍貴的資源也不會浪費在用於運轉大型廢棄物處理設施上了。

▶ 清點櫃子裡的存貨

　　人們總是渴望更多，但何時才會覺得這樣夠了？以下這些「練習」，就是要幫助你養成更健康的消費習慣，這樣一來，垃圾量就會隨之減少，就像俗話說的：「少去刨木頭，木屑就會少。」

　　接下來，我會依照家裡特別容易堆積東西的幾個地方，例如：廚櫃、衣櫃、鞋櫃、雜物櫃……等，提供實用的建議。

食品儲藏櫃

打開你家的食品儲藏櫃，裡面看起來怎麼樣？我們在此把所有私房法寶傾囊相授，你只要試著做做看就好。

你出門購買食材，因為很少有店家可以讓你只買所需的一點點量，所以常常買回過剩的食材，占據了食品櫃。或是你買了些麵粉回來，卻發現還有一袋麵粉隱藏在櫃子的角落裡。或者，你的喝茶愛好已經讓你囤積了大量茶葉或茶包——因為買的多，喝的少。

觀察你的食品儲藏櫃裡有哪些東西，列出庫存清單，再以這份清單上的食材上網搜尋食譜，這有助你徹底利用食品櫃裡現成的食材，並確保任何額外添購的食材都是新鮮貨。根據這些新鮮食材來擬定你的膳食計畫，把它們一併列入你的採買清單中。清理食品儲藏櫃可以防止浪費食物，還能省錢，也是打造出一個美觀的零廢棄食品櫃的最好方法。

▌挑戰在30天內儘快消化完你的食品庫存

● 善用清單的力量！把櫃子裡的東西和數量逐一清點：這個方法很有效，會把你食品櫃裡的秘密全都曝光。用了什麼就在上面作記號，這種感覺多棒！

● 拍下「開始前」的食品儲藏櫃照片，庫存清單也要保留：這些物件會幫助你監控自己的進展。有時候，我們對自己太過苛求，只聚焦在做不好的地方，而忽略了已經完成的部分。

Challenge

衣櫃和鞋櫃

說到衣服和鞋子，我們的購買力似乎永無極限。我們總有各種理由或場合，需要我們再添購一件衣服或一雙鞋子。快時尚出現後，衣服成了隨手可丟的短命商品，購物也變成了宣洩情緒的出口，甚至是一項正當的愛好。在這樣的氛圍影響下，許多人的家裡總是有著爆滿的衣櫃和鞋櫃，伴隨而來的則是濃重的罪惡感，這種感覺實在不怎麼好受。如果你也是這樣，別擔心，你並不孤單。

事實上，大多數人衣櫥裡的衣服絕對夠穿，而且綽綽有餘。清理衣櫃、替衣櫃減量瘦身，其實遠比購買美麗的新衣服更讓我們快樂（詳見第9章）。

紡織業惡劣的工作環境，會危害勞工的健康與生命，這已不是秘密。每次我們購買用不道德製程生產出來的衣服，就是用錢在支持這種積弊已深的生產方式。透過購買，我們等於在說我們可以接受勞工被剝削、我們不在乎它所製造的汙染。我們掏錢給這些廠商，所以它們可以繼續這樣做。

Challenge

▌挑戰在30天內不買一件衣服、鞋子或飾品

我在這裡提供一個小妙方。如果你看到一個想要買的東西，只要把它放回貨架，然後掉頭離開。如果七天後你還是想買，就買吧。但常見的情況是，你很可能早就忘了。這種購買衝動的出現經常是來得快，去得也快。

愈積愈多的生活用品

　　如果你和以前的我一樣，那麼，衣服和食物絕不會是你唯二的囤積物品。在開始零廢棄生活以前，在我們家，架子上和抽屜裡總是塞滿了沐浴精、洗髮精、指甲油、化妝品、牙刷、衛生紙、清潔用品，以及各種鍋具——我們甚至不喜歡烹飪。

▎挑戰把東西用到完為止

試著把現有物品消耗完，不要只因為喜新厭舊就再開一瓶或是再添購新的。只要你把「用完一項物品」當作目標，會發現一管牙膏或一瓶萬能清潔劑，可以用好久。

如果你現在非常渴望轉換過零廢棄生活，這時候可能已經迫不及待了。這完全可以理解；一旦你習慣了這種新的生活模式，很可能再也不想回到過去的老習慣！你隨時可以選擇把沒有使用過的物品捐贈給收容所，或者送給其他親人和朋友。前面說過，物品的轉送與流通，可以讓我們少買東西，也可以減少浪費。

Challenge

各種雜物

　　以前，我老公跟我習慣大量囤積各式各樣的雜物，都是些不必要的物品，如果它們從未被發明出來，沒有人會因此而損失了什麼。我要給你一個挑戰：除非是真的有需要的東西，不然就不要買。沒錯，我就是要你挑戰做個懶得購物的人。

　　一個很有效的方法，就是停止逛街血拼。我們一直抱怨沒時間做

人生中重要的事情，既然如此，為什麼要把寶貴的時間和有限的生命浪費在胡亂逛街呢？

另外一個小妙方，就是儘量避免暴露在廣告的洗腦下，無論是報章雜誌的廣告，或是電視和網路的廣告都一樣。廣告基本上就是在蠱惑人掏錢購買不必要的東西。此外，我們信箱裡那些不知從哪裡寄來的各種廣告傳單，也常常使人困擾。這裡提供一個小撇步，只要一張紙就行了，你可以在紙上這樣寫：

謝謝
我們不要
廣告傳單

謝謝
免費報紙
也不要

在信箱上貼
一張簡單的告示，
表明「謝絕廣告傳單」
會有神奇的效果！
（詳見第 10 章）

整理你家的秘訣──斷捨離

　　既然我們現在已經停止囤積更多的東西，就可以抽身出來，重新評估自己真正的需求是什麼。

　　如果你的目標只是減少垃圾的製造量，這個步驟可以略過。但我堅信，重新進行一次大規模的評估，可以為過一個全方位的永續生活奠定良好基礎。

　　跟擁有的東西徹底地「斷捨離」[7]，只保留需要用到的物品，這樣的觀念可能很嚇人。我本來是很喜歡收集東西的人，也許還有點囤積癖。我對擁有的東西有強烈的情感依附。然而，這幾年來我開始享受這種愈來愈簡單的生活，而且帶來許多出乎我意料之外的好處：

　　維護變少了。

　　清理變少了。

　　家中亂七八糟的景象變少了。

　　擔心變少了。

　　我大感解脫，而且愛極了家裡蛻變成現在井然有序、乾淨整齊的模樣。

---

7. 編注：日本的雜物管理諮詢師山下英子所提出的新整理術，即「斷絕不需要的東西，捨去多餘的事物，脫離對物品的執著」。

▌為什麼斷捨離是永續生活的實踐方式？

- 這個世界現有的「物品」已經夠了。把這些東西轉送出去，意謂可以減少耗竭已經稀缺的資源去生產新的「物品」。

- 亂買、未用過的物品，或是過剩的東西，就和一次性物品一樣浪費。把這些東西囤積在家而不想辦法重新利用，或把不能用的東西送到垃圾掩埋場，只是在拖延問題而已。

- 明智、負責任的清理方式，不是只把東西丟棄，也意謂把家中積滿灰塵的東西做良好的利用（重複使用或升級改造〔upcycling〕）。萬一不能重複利用或升級改造，就盡量回收再利用，以取代初始資源的消耗。

你可能聽過這個名詞：「共享經濟」（sharing economy）或「接觸經濟」（access economy），簡言之，它的意思就是「使用權勝於擁有權」。把我們偶爾才需要用到的東西（如：工具）或休閒設施（如：游泳池）與人分享，這是很合理的做法。

你可以在臉書的地區社團、分類廣告網站Craigslist等平台與人共享、出借或交換每一樣東西，從縫紉機到嬰兒衣服，從廚房用具到運動用品，不一而足。在歐美，一些社區已經在公共空間設立小型「物品圖書館」[8]。

---

8. 編注：在台灣，上網查詢或在LINE群組上交流相關資訊，是較為可行的做法。

好用小撇步

「共同取得」（collective acquisitions）是另一種很棒的做法，你可以選擇和其他家庭成員或街坊鄰居「共同取得」某些地方或物品。這種做法強化了社群感。如果你在完成斷捨離計畫後，發現有空出的庫房、車庫或地下室空間，為什麼不把它拿來作為共享空間呢？

▌ 時間較少時的整理法

每天拿五到十樣你看到的東西，把它們放進一個盒子裡。從「向重複的東西說再見」開始。你可以選擇一個安靜的日子，整理分類盒子裡的東西。

▌ 時間充足時的整理法

我自己偏好分類清理的做法，例如分成鞋子、辦公用品、廚房用具等等來清理。舉例來說，我把所有辦公文具用品集中在一處，提醒我不要忘了其他房間的雜物抽屜裡還有更多。但許多人喜歡按房間來清理。選好哪些物品是你想保留的，而哪些是可以轉送出去和回收再利用的。

▌ 如何負責任地轉送物品

• 在玄關或門廳設置一個「轉送」小架子，這樣每個來訪的客人都可以把對自己有用的物品帶回家。

• 在你所在的鄰里設置一個免費的迷你物品圖書館，但不要把這

裡當作你的垃圾場。

- 只把狀態良好的物品捐給社會組織（請確定這些組織不會把它們賤賣給發展中國家，這會對當地市場帶來負面衝擊）。

- 大多數的公立圖書館都會接受民眾贈書。

- 舉行車庫拍賣或在跳蚤市場擺攤。

- 透過臉書的社團功能或分類廣告網站 Craigslist，來銷售或轉送物品。

- 總會有一些東西無法修理或改造。可以的話，把這些物品回收再利用，以減少初始資源的消耗。如果不行，請記住：延後處置這類物品並不會使其免於被掩埋或送進焚化爐的命運。

CHAPTER

3

怎麼買、哪裡買、
帶什麼去買？

先搞清楚衛生標準與法規

　　垃圾要減量，學會如何擺脫食品的包材是非常有效的一招。這不僅適用於購買食品雜貨，也適用於你在上班途中買杯咖啡，或是在校園課間休息時間買個沙拉就走。

> 居家的垃圾桶裡，常常可以看到食品的包材。
> 大量的包材被我們拆下來丟棄，也就是說，
> 大部分垃圾，都是跟著食材一起被帶回來的。

　　為了把垃圾減到最少，我們自備容器到食品雜貨店、大賣場或餐廳購買食物，就不會再多浪費一個塑膠袋、外帶餐盒或免洗餐具。你可能這樣做過，卻被店員拒絕了，理由是這違反了健康及安全法規。「很抱歉，但這不符合健康及安全法規。」這可能是你聽過的說法。乍看之下，我們對這樣的情況似乎什麼都做不了；畢竟，我們沒辦法在結帳櫃檯前改變法規。真讓人沮喪，於是我們把容器收回，胡亂塞進購物袋中，卻從未質問這項規定的真假。

　　然而，多數情況下，這項法規純屬子虛烏有。會用（有時候不存在的）健康法規來拒絕顧客要求，主要是大多數餐飲業者為了讓「奧客」閉嘴，而使出的一種有效手段。其實，多數時候，並無明確的法規限制顧客使用自備的容器或袋子，說穿了，那不過是約定俗成罷了。所以，有時候會發生這個衛生稽查員說可以，那個衛生稽查員卻

不准的情況。

　　尤其是連鎖餐飲業者，擔心會被人告上法院，所以都制定了非常嚴格的店面政策。請記住，大多數值班店員之所以會拒絕顧客的要求，只是因為害怕惹上麻煩，或覺得通融你是一件麻煩事。一個簡單有效的解決辦法，就是趁其他店員值班時再試一次。

好用小撇步

> 愈小的商店，愈容易接受顧客自備容器，例如：小蔬果店、有機商店、農民市集……等等。
>
> 大型連鎖店或連鎖的食品雜貨業者，大部分商品都是包裝好的，它們通常都會製訂嚴格的店面政策，比較沒有機動性和彈性，有時候甚至連分店經理都無權決定可否接受顧客自備的容器。

▶ 哪裡可以買到散裝食材？

　　這要看你住哪裡，你可能很輕鬆就找到許多販售散裝食品的商家，也可能很困難，根本找不到。正如每個人需求不同，面對的挑戰自然不一樣，我們也有不同的軟硬資源可以使用。我們對此沒有一體適用的解決方法。把一年的垃圾量壓縮到只剩一個玻璃罐大小的容量，對你目前的狀態可能是遙不可及的目標——但這完全不成問題。

　　零廢棄不是一定要做到完美無缺，而是量力而為，做出更有益的選擇。在你能力所及內，儘可能多支持比較永續、或是最永續的產品或做法。逐步朝著垃圾極少化的方向前進。

　　花點時間重新了解你居住的地區，看看哪裡有販售散裝食品的商店。只要你開始搜尋，就會發現這樣的店其實不少，網路上更多！你可以從相對容易（說白了，就是最基本的）必需食物下手——散裝新鮮蔬果。即使今天有許多雜貨店喜歡把水果和蔬菜用塑料保鮮膜包裝，還是有許多散裝蔬果可以選購。

無包裝／散裝商店

　　無包裝／散裝商店如雨後春筍般在北美洲和歐洲各地冒出。每家店的商品都不同，但販售的物品不脫乾貨、居家用品到無包裝的個人護理用品，以及任何零廢棄生活所需的其他物品，都可以在這裡找

散裝商店一角，販售著散裝的生活用品。

到。如果你居住的城鎮就有散裝商店——你真是太幸運了！但絕大部分的人可能就沒那麼幸運了，所以一定要親自去看看以下其他選項。

當地的食品合作社

食品合作社（Food Co-ops）基本上是由多家食品雜貨店共同擁有。每家合作社互有不同，但都有強烈的社區意識，它們很重視社會責任，並以供應天然食物到更多消費者手上為目標。一些合作社對外全面開放，也就是說每個人都可以來此採買，但會員可享折扣。其他合作社則只對會員開放。

食品合作社是一種社區導向商店。如果你決定加入成為合作社的

圖片來源：Katja Marquard

會員，就能發揮一己之力形塑它的經營面貌。會員有權針對一些議題進行討論並付諸表決。如果你覺得買得到有機食物和無包裝商品很重要，就讓其他人知道！

進口食品雜貨店

你住處附近的南美、印度、東南亞、中東或其他國家食品雜貨店，永遠值得你抽空去逛逛。除了散裝蔬果，它們還供應豆類、穀物、米或香料等等散裝乾貨。有些還設置了熟食櫃檯或是自製的烘焙食品，只要你用友善、開明的態度詢問店家的意願，它們一般都很樂意通融你用自備容器盛裝。如果你要找古法製作的（無棕櫚油）橄欖油皂（詳見第6章），中東雜貨店是好去處。在亞洲超市，一般都能買到新鮮的無包裝豆腐和散裝米。

本地農場

你可以略過大型連鎖量販店，直接到本地農場採購，以支持本地經濟。視農場供應的品項而定，你可以買到蔬果、雞蛋、乳品和肉品。視季節而定，你可以在開放民眾採摘的農場（U-pick farm）挑選你要的莓果。

各地的農夫市集

嗯，我喜歡農夫市集！這是另一種很好的選擇，來支持本地經濟（跳過中盤商）。農夫們通常都很樂意收回塑膠袋或紙盤，以重複使

圖片來源：Katja Marquard

用，這可以幫他們省錢。

有機食品店、生機飲食店

　　有些這類商店會設置散裝區。不過，它們對於顧客攜帶自己的環保袋和容器的政策，則各有不同。我自己的經驗是大型連鎖店在這方面的政策反覆無常，經常變來變去。有些店家在結帳時會同意幫我們把自備容器的重量扣除掉再秤重收費。如果不行，你就固定用較輕的環保袋。我們很少會徵求店家的同意，因為最糟的情況就是被告知下次要使用它們的塑膠購物袋。

▌挑戰減少對動物製品的消耗

你知道嗎，減少對動物製品的消耗，是另一種善待地球的很好方式？所有動物製品都會產生大量的碳足跡，而且嚴重消耗地球資源，令人震驚。

那你知不知道，聯合國教科文組織（UNESCO）的研究報告指出，僅僅生產一磅（約 0.45 公斤）的牛肉就要消耗掉高達 1,850 加侖（約 1,002 公升）的水？[1]

麵包店

帶著你的乾淨環保布袋，請店員把麵包拿給你。你也可以把自備容器放到櫃檯上，請店員用夾子把蛋糕或其他糕點放進去。如果你說話客氣有禮，一些小麵包店甚至願意零售散裝的麵粉、泡打粉、酵母粉或種子給你！

茶行

散裝茶葉是明顯的零廢棄選擇。絕大多數的散裝茶葉可以回沖三次，高檔茶葉甚至可以沖上二十次！是啊，這類茶葉確實非常昂貴，但你花的錢最終讓你享受到了香氣撲鼻的美味茶茗。請拿著自備的罐子，到附近茶行裝填你要喝的茶葉。

---

1. Mekkonnen 與 Hoekstra，〈農畜和動物製品的綠水、藍水和灰水足跡〉（The Green, Blue, and Grey Water Footprint of Farm Animals and Animals Products），5。

咖啡烘焙坊

　　就像茶行一樣，咖啡烘焙坊通常也很樂意接受客人自備容器。烘焙咖啡是一門技藝，我們也樂於展現對這門手藝的欣賞。如果我們用會釋出毒素的塑料容器來盛裝咖啡師精心沖調的咖啡，難道不會覺得難為情嗎？

傳統市場的肉販或蔬果店

　　小店鋪幾乎都會比大型連鎖店更加通融。不過，碰到肉品和乳製品，你可能還是要讓步。即使是小店鋪也會對是否准許你把從家裡帶來的自備容器放到它們的磅秤上，感到猶豫。如果店裡有熟食櫃檯，你可以要求他們使用店裡的盤子來秤重，然後你再把所有購買的食物放進自備容器中。當然囉，對環境友善的選擇仍然會減少你對動物製品的消耗。

義式餐廳

　　這要看你住在哪裡，或是你經常光顧哪家食品雜貨店而定，你看到的最環保義大利麵包裝可能是有透明塑料視窗的紙盒。不想買包裝產品，或者你只想食用更可口的新鮮義大利麵，可以選擇自製的手工義大利麵，不妨尋訪仍然有供應自製義大利麵的義式餐廳。

　　自己動手做也是一種選擇。雖然比較花時間，但非常值得，而且你真的會因此而得到充分的運動（詳見第4章）。

供應自製義大利麵的義大利餐廳，常以自己的手藝為傲。告訴餐廳你想單買他們的義大利麵，是表達你欣賞店家手藝的很棒方法。

社區支持農業

　　CSA（Community Supported Agriculture）是一種連結生產者與消費者的生產模式。消費者通常可以透過付費成為農場會員，直接向農場訂購果蔬。消費者支付月費或年費為農場的經營成本買單，反之，他們可以拿到農產品作為回報。換言之，農場每星期或兩星期會把當天採摘的新鮮農產品，即時送達訂戶手上。

　　這套系統讓農場擺脫不合理的（世界）市場價格，廉價收購往往導致不良的工作環境，以及犧牲環境的短視近利行為。反之，訂戶可

以享受到本地新鮮可口、極富營養價值的農產品。

　　許多CSA農場整年都會舉辦友善家庭的活動，有些農場甚至提供以打工來抵訂戶費用的選擇，是經濟吃緊家庭的一大福音。

熟食店

　　熟食店經常提供自製食物，有熟食櫃檯供顧客買沙拉、酸辣醬、義式餐前小菜或起司。帶著你的自備容器，滿臉笑容應對，他們很難拒絕你的零廢棄需求。幸運的話，他們還會賣散裝香料和茶葉給你。

甜點專賣店

　　冰淇淋、巧克力、甜甜圈、糖果或杯子蛋糕等專賣店，都是拿出

圖片來源：Katja Marquard

你的容器與展現和悅笑容的理想選項。我還是要說，避開大型連鎖店，選擇本地的家族自營店，他們會更樂意接待自備容器的顧客。

精釀啤酒專賣店

這類啤酒專賣店一般都會提供外帶壺來補充啤酒。他們有一種用二氧化碳來密封酒壺的機器，可以防止啤酒沒氣走味，所以自備瓶罐並無用處。請相信我，我曾帶著一個64盎司（約1.9公升）的梅森玻璃罐進去，離開時我的梅森罐依舊空空如也，口袋卻少了五美元，因為店家要我購買啤酒專用的外帶壺來代替。

百貨公司的超市或大賣場

百貨公司似乎從來都不是明顯的散裝採購選項。但有些百貨公司的超市設有熟食區，可能還會販售散裝糖果[2]。總之呢，就像大型連鎖食品雜貨店，百貨公司店員可能沒什麼彈性而會拒絕你。

中藥行

如果你住在有中國城的大城市裡，可能會看到一些店裡有很大的罐子或其他容器，裡面裝著各式各樣的藥草和乾貨。不要覺得不好意思，直接進去，然後詢問你要用來釀製麥根啤酒或其他你喜歡的草飲的藥草。來到了這裡，你可能也會想要大買香料。

---

2. 編注：台灣有些大賣場或超市也設有熟食區和散裝乾貨區。

醬料專賣店

想購買散裝的液體食品（例如油與醋）會比較棘手。一些生機飲食店會提供填充服務，你的住家附近可能也有油與醋之類的專賣店[3]。但更貼切的說法是，它們販售的可能是頂級油醋，這可以從標籤上的定價看出，有機油醋也很稀少。我們自己則喜歡在本地購買所能找到的最大容量玻璃瓶裝有機油和有機醋。

採摘野生可食植物

可以鑑識哪些野生植物、堅果、果實和菇類可食用，不只是一項絕佳的求生技能而已。野生採摘園很有趣，長期下來也會減少你的食品支出。但你要確定是在獲得准許的特定林地採摘野生植物，請不要在原始森林採摘。

請謹記這點：
在買不到的狀況下，
DIY 是很棒的選項。
保持簡易是關鍵！

---

3. 編注：以台灣來說，住家附近的柑仔店、小賣店，都可能販售散裝的食品與乾貨。

▶ 多久採購一次最恰當？

我們歸納出一套好方法，讓你可以輕鬆購。下面是各類食材與生活用品的採購建議：

我們通常每星期採購一次蔬果，偶爾會買上兩次。你可以在自己的袋子裡、辦公室抽屜或車裡，放一兩個布袋，以備不時之需。如此一來，你隨時可以採買！

每六到八星期採購一次乾貨、油、醋和咖啡，這個時間應該綽綽有餘，因為這類食品可以保存一段較長的時間而不會變質。你可能要分頭到不同的商店採買，所以聰明的做法是集中採購行程，以維持最精省的採購頻率。不同於採買蔬果的行程，你必須先擬好採購店家的

英國倫敦一家乾貨店。圖片來源：Hanno Su

圖片來源：Katja Marquard

先後順序，以確保有足量的環保布袋、自備容器和瓶子來盛裝。

　　其他消耗沒那麼快的物品，大概一年買一次。香料、茶葉、竹牙刷、木刷，以及製作清潔用品和身體護理用品的材料（例如：小蘇打〔食用蘇打〕、洗滌蘇打〔又稱洗滌鹼、碳酸鈉、工業用蘇打〕、檸檬酸、肥皂、洗髮皂、精油……等物品），不是很好買，或者只需少量就夠了，因此一年只需買一次，甚或更久。而且，這些東西只占極小的空間，這對我們是好消息。

　　一些用品，像是竹牙刷或蠶絲牙線（詳見第6章），你可能得上網訂購，我建議你團體訂購，也就是大量採購以及跟朋友合購，以節省包材的使用量和減少運輸的汙染排放。

　　這只是一份參考指南，提供你找出哪些建議適用你的現況。在摸索過幾次後，你就能找到適合自己、最有效率的採購法，然後會逐漸化為習慣，最終內化成你的第二天性。

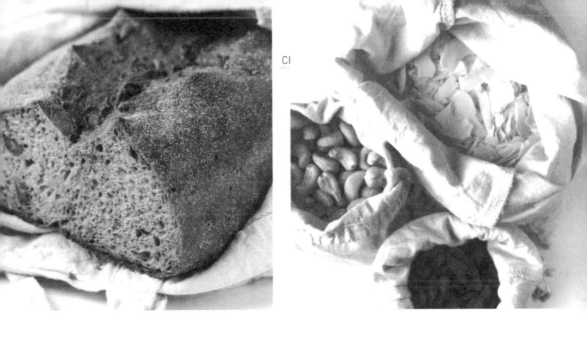

CI

▶ 購物時的八種小幫手

在採買散裝的食材與生活用品時，你會需要一些輔助用品來裝你採買的東西，讓購買的過程更順利。不同的東西，例如新鮮食材、熟食、乾貨、醬料、飲料等，都需要不同的物品來裝。你可以視自己的採購情況，選擇喜歡的購物小幫手。

洗衣網袋：購買散裝蔬果最好用

洗衣網袋非常方便，因為不僅很輕，秤重收費時幾乎可以忽略不計，結帳店員也能看到裡面裝了什麼東西，一目瞭然。不過，網袋的設計本來是用來裝襪子和胸罩，而不是裝三磅重的胡蘿蔔，所以用的時候要小心，不要拿來裝太重的東西。

一般的洗衣網袋在很多地方都可以買到，至於功能專一的蔬果網

袋，你可以在有機食品店買到，或至零廢棄生活實踐者傑西・史托克（Jessie Stokes）開設的網路商店（TinyYellowBungalow.com）網購[4]。

如果要說個具體數字的話，我們很少一次採買會用到兩個以上的蔬果袋。如果買的量不大，我們就直接把散裝蔬果放進購物推車或購物籃裡，不用袋子裝，就讓蔬果光溜溜地順著結帳輸送帶前進。大部分結帳店員都會默默接受。我們只用袋子裝莓果等小東西，或是買了大量的馬鈴薯或胡蘿蔔時可以用。

購物布袋：我的秘密武器！

我隨時會準備一個乾淨的布袋在我的包包裡。此外，我不會只把布袋拿來裝食品雜貨。雖然我很少購買食物以外的東西，還是可以把其他東西裝在布袋裡。

任何時候你忘了帶便當或是餐盒，乾淨的布袋就能隨時派上用場。我有時候會買一整條麵包，然後津津有味地吃了一些後，就會用布袋把剩下的麵包打包回家。或者，買了墨西哥捲餅，直接用布袋裝，可說是打包、外帶兩相宜。

我們也會使用購物布袋購買大量的乾貨，像是四磅重的燕麥，或是好幾磅重的乾椰子脆片。你還可以把布袋摺疊起來，當作盤子使用，來盛放從餐車購買的熱狗和鬆餅。我平常喜歡自備不鏽鋼便當盒，但有時候我身上就只有布袋。

---

4. 編注：台灣也有許多店家販售，在網路搜尋「棉網袋」、「蔬果網袋」等關鍵字，即可找到相關訊息。

小型束口袋或玻璃罐

　　小型束口袋或玻璃罐很適合拿來裝乾貨，像是堅果、燕麥、乾豆，甚至是肥皂。玻璃罐非常方便，因為你不用把乾貨倒出換成其他容器，就能直接原封不動地放進食品儲藏櫃。只是不是每家店都會扣除自備容器的淨重，這時你就可以用較輕盈的布袋來秤重。

好用小撇步　　　**用可擦拭奇異筆在罐子上做標示**

使用可擦拭奇異筆（或是水溶性的筆）在玻璃罐上寫下罐子的淨重，以及農產品的 PLU 四位碼，這樣罐子的重量就可一目瞭然。如果你不想在玻璃罐或布袋上註記，或是忘了奇異筆放哪兒了，也可以記錄在手機裡，或是拍照下來，方便日後快速查找。

廣口漏斗（玻璃罐專用漏斗）

　　如果不用漏斗，在把麵粉裝罐的時候可能會撒得到處都是，所以記得要隨身攜帶一個。

好用小撇步　　拿來倒洗碗機軟化鹽的漏斗，通常也適用於玻璃罐！這種漏斗一般為塑料製品，店家用來裝散裝食品的容器也多為塑料製品。但至少，漏斗只短暫接觸食物。

食物保鮮盒或玻璃密封罐

　　食物保鮮盒和玻璃密封罐的用途非常廣泛，它們適合用來裝以下三種類型的食品：

- **含水的食物**，像是橄欖、豆腐、肉類、魚、鷹嘴豆泥醬和沙拉……等等。

- **會沾黏的食物**，像是蛋糕、傳統油酥糕點、起司、糖和一些果乾等等。

- **粉狀食品**，像是麵粉、可可粉和小蘇打等等。

有分格的隨身提袋

我們過去習慣把玻璃罐裝進一個大提袋中趴趴走，在玻璃罐與玻璃罐間塞滿餐巾紙——但有時候還是會有一個玻璃罐掉出來！有了瓶子專用的分格提袋，帶著玻璃罐出門就方便多了。

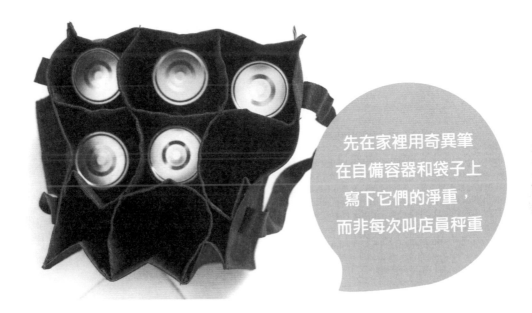

先在家裡用奇異筆
在自備容器和袋子上
寫下它們的淨重，
而非每次叫店員秤重

　　不過，要看提袋的設計而定，不是所有玻璃罐都適用。畢竟，這種提袋是專為瓶子而非玻璃罐設計的。

用錫罐裝茶和咖啡

　　茶和咖啡最好裝在深色的錫罐或容器裡保存，防止變質走味。

購物袋、購物籃、購物推車

　　除了購物袋／籃／推車之外，還有很多袋子可以用來購物，例如：（健走用）背包、大型旅行袋等等。有許多可重複使用的環保袋選擇，來取代一次性購物袋。

零廢棄的採購小技巧

- 採購時,避免用塑膠袋裝果蔬,用手拿或用推車推到櫃檯結帳。這樣做看起來不怎麼方便,結帳店員也不喜歡,但你總是能選擇這樣做,尤其在你忘了帶可重複使用的環保蔬果袋時。

- 寫好你的購物清單,以免受到誘惑而購買(不健康的)包裝食品。另外,不要在店裡閒逛。

- 帶著滿臉笑容,用真摯和善的語氣跟店員說話。我們都喜歡別人用客氣和欣賞的態度來對待我們。如果你在服務業工作,就會知道做這一行的壓力有多大。特殊的要求可能不符既有的作業流程,而讓店員感到為難。所以,想辦法盡量讓店員樂於接受你的不情之請。

- 成為老主顧!這樣做能讓賓主盡歡。店員會知道你有零廢棄優先的習慣,你也不用每次都要重新解釋一番。家族經營的商店看到你成為他們的回頭客,會覺得持續通融你的要求是值得的。

- 你的態度就是關鍵!假裝零廢棄購物是世界上再平常不過的事,確實比較不會引起注意。店員會認為你已經與主管確認過或得到了允許,否則你不會看起來一副習以為常的模樣。有次,有個大型連鎖超市的結帳店員甚至以為我們用來裝蔬果的洗衣網袋,一定是店裡新增加的販售商品之一,還很努力找定價標籤!

- 對店員保持客氣有禮的態度。在零售業工作所承受的巨大壓力不可言喻。他們有自己的作業流程，任何特殊要求都可能會破壞既有流程 —— 他們在當下可能就是沒有通融你的空間，或者他們那天就是不順心。我們會設法在用字遣詞上提出簡單的解決辦法來提出我們的請求，讓店員覺得對我們說「沒問題！」比說「不行！」更容易。

  舉例而言，我們會說：「喔，我不需要那個，請直接放進我們自備的容器中。」我也會設法跟他們閒聊幾句，逗他們笑。如果你也跟他們一起大笑，氣氛一定會更加融洽，人們在開心時當然也會更容易通融你的要求。

- 一般來說，店員只是害怕惹上麻煩 —— 有誰會想要冒著丟掉飯碗的風險呢？如果有，通知一聲吧。你可以詢問地方當局關於衛生法規的詳情，這樣一來，你才能告訴櫃檯你的要求並未違反法規，所以你絕不會告他們通融了你，這會有助說服他們。

- 當店裡被人潮給塞爆時，不要在這時候提出特殊要求。店員可能會在其他時候通融你，但絕不是在他們為出餐而忙得不可開交時。

- 我們有時候也會被拒絕。我們尊重這樣的決定 —— 只是暫時接受。如果我們覺得被拒只是因為店員不想惹麻煩，我們很可能會裝傻再試一次。有時候，你的運氣取決於在對的時間問了對的人。

愈來愈多店家鼓勵
客人自備容器

▶ 外出時的外帶小幫手

當我們外出時，不論是要帶家裡的食物出門、帶外面買的食物回家，還是要在外面找個地方享受你剛買的外帶食物，你都有除了「用塑膠袋裝」之外的選擇，而且一點也不難。你唯一要做的，就是先了解哪種食物容器符合你當下的需要。

帶家裡食物出門

● 不鏽鋼便當盒／保鮮盒（約0.7～1公升）

這種容量最適合裝三明治、切片蛋糕、水果或一整塊肉。

當你的塑料食物容器到了該換的時候，可以考慮換成耐用的不鏽鋼便當盒。就我的極簡主義觀點來看，每家每人只需要一或兩個食物容器。不鏽鋼便當盒乍看之下似乎有點貴，但可以用一輩子，所以長期下來還是會為你省錢！

● 布巾和碗盤擦拭布

你會很驚訝地學到，竟然可以用如此多簡單、巧妙和神乎其技的方式，以一塊布來裝東西（連你的頭與身體都可以用）！使用把八成營收用於種樹的搜索引擎ecosia，搜尋關鍵字「furoshiki technique」，結果會令你驚異，你將學到許多種使用布巾的技巧！因為我們的手藝不是那麼靈巧，所以只固定使用幾個基本技巧，用碗盤擦拭布來打包三明治、墨西哥捲餅和餅乾，就已經心滿意足了。

● 密封玻璃罐（約0.5 ～ 0.75公升）

　　密封玻璃罐非常適合用來裝沙拉和湯品。如果你和我一樣懶，不想把食物再倒到盤子或碗裡，廣口罐是很方便的選擇，不用倒出來，打開就可以直接享用。

外帶食物回家

　　若要外帶食物，你可能需要一點勇氣，來要求餐廳把你的餐點放進自備的容器中。不過，如果你是向連盤子、刀叉都沒有提供的速食店或快餐店點餐，你成功的機率就很大。如果餐廳員工對於要把客人的容器帶進廚房有疑慮，你可以要求他們用盤子盛裝，然後你自己再把食物裝進自備的容器中，這就不關他們的事了。

玻璃罐很適合盛裝湯品。

　　我們第一次光顧一家餐廳時，會帶不同大小的食物容器和玻璃罐，讓店家自行選擇。我們會親自在店裡點餐，否則我們去拿訂餐時，迎接我們的可能是已經裝進免洗餐盒的食物了。

▶ 出門必備的零廢棄隨身組

　　在分享我的「零廢棄隨身組」之前，我想先說說關於在外用餐的一些觀念。在匆忙的現代社會，這兩個觀念顯得尤其重要。

放輕鬆點，享受吃的樂趣

　　咖啡帶著走？外帶？為什麼要這麼匆忙？你可以放輕鬆點，在店裡享受你的咖啡，而不是邊走邊喝，把咖啡灑得全身都是。選擇一家還不錯的餐廳，和自己喜歡的人共享晚餐，不要在回家途中隨便買個外賣就了事。關掉手機，放輕鬆，你值得好好享受用餐的樂趣。

點餐時，謝絕一次性的物品

　　據悉，光是在美國，每一天的吸管消耗量高達五億支[5]！我每天都會隨手撿拾街道上的垃圾，猜猜看我撿起的垃圾中哪一種最常見？吸管、外帶杯、餐巾紙和菸蒂。

　　我知道要求你跟店家說：「我不要餐巾紙和吸管，麻煩你裝在真正的杯子裡。」這很需要勇氣，如果你是一個害羞的人，挑戰更大。

---

5. Parker，〈吸管的戰爭〉（Straw Wars）。

大多數咖啡師或服務生的反應可能是聳聳肩，然後快速記下你的點餐，但有些人則會露出十分困惑的表情，這時你可以說：「只是不想用一次性的物品，麻煩你囉！我們正在努力減少垃圾，你知道的，響應環保，愛地球！」這樣的回答通常都能引起人們會心一笑，他們甚至會告訴你，應該要有更多人響應，他們也希望那些店裡的常客可以現點飲料內用。

帶上你的零廢棄隨身組

我們都受既定習慣的支配，你會在前往公司或學校的途中買杯咖啡嗎？如果會，那麼養成隨身攜帶隨行杯出門的習慣。總之，任何咖啡品嚐起來的味道都會比裝在紙杯裡香濃多了。沒多久你就會養成習慣，就像你輕易就記得要帶鑰匙、錢包和手機出門一樣。

不妨把可摺疊購物袋這類東西，放在你一般會放鑰匙的地方旁邊，或是放進你的包包或車裡。

隨身組裡要有哪些東西？

其實，你真的沒必要背著一個沉甸甸的袋子趴趴走。你就把它想成是跟平日早上選擇該穿什麼衣服一樣。你可能會看天氣狀況、場合需要，以及當天的行程，決定今天要穿什麼衣服。你可能會穿上工作服，因為要上班。或者，你會盛裝打扮，因為你正前往參加晚宴的途中。該攜帶哪些零廢棄裝備也是如此，只要把這件事變成習慣，視當天需要配備就好。

零廢棄隨身組的內容

　　以下這些是我建議的零廢棄隨身組。我幾乎從未全部攜帶出門，例如，若有需要自備午餐或晚餐，或者知道我可能會買個蛋糕或三明治，我就只會帶保鮮盒出門。但我隨時會在我的袋子裡放置幾條手帕，和一個拿來裝用過手帕的布袋。

請翻下頁看
詳細品項

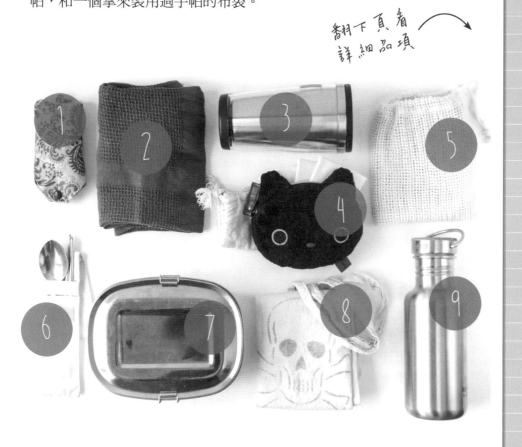

1. 可摺疊的袋子。

2. 碗盤擦拭布。非常適合拿來打包墨西哥捲餅、三明治或糕點，拿著邊走邊吃。

3. 咖啡隨行杯。

4. 個人專用的手帕袋，拿來裝替代面紙的乾淨手帕，我會用手帕擦鼻子或是洗手後擦手。我還有一個小袋子拿來裝用過的手帕。

5. 裝蔬果的網袋。你可以購買棉製或麻製的蔬果網袋，或者直接用洗衣袋。

6. 環保餐具。你可以在戶外用品店購買旅行用餐具，像是叉勺（spork，兼具叉子功能的湯匙），或者直接利用家中現成的餐具。如果你喜歡亞洲食物，記得自備筷子，因為許多地方只提供免洗筷。

7. 食物容器或保鮮盒。想把在餐廳吃不完的食物打包外帶時，它們就很方便。當然，它們也可以用來裝糕點，或是拿來裝上班要吃的午餐便當。

8. 乾淨的棉布袋。你可以用來裝麵包或散裝乾貨，或者就當作購物袋。

9. 可重複使用的水壺。如果你在找金屬水壺，選不鏽鋼材質，不要鋁製的。鋁壺會危害健康。就像塑膠水壺一樣，鋁製水壺的內襯也會釋放雙酚A和其他化學物質到你喝的水中。還有，如果水壺受到重擊，內襯可能也會受損。如果水壺裡的水喝起來味道突然變得怪怪的，你就是在喝鋁。還有，食物中含鋁也被認為是不安全的。

不浪費食材的
備菜技巧

▶懶人也適用的零浪費美味食譜

如果你是重視營養又熱愛烹飪的家庭煮婦或煮夫，你會喜歡零廢棄烹飪方式的。

過去，在開始零廢棄生活之前，我對下廚不是那麼熱中，我和老公都不喜歡做菜。我們以前一直靠微波冷凍食品（所謂的電視餐）來填飽肚子，還把許多垃圾食物吃下肚。

即使到今天，做菜對我們而言更像是例行家務，而非享受烹飪的樂趣。學習下廚做菜是我們轉換到零廢棄生活時最大的挑戰。雖然我們不是那種把備菜當樂趣的煮婦煮夫，但我們在這個過程中，對食物以及照顧好自己的身體，都有了新的體會。

> 零廢棄的備菜方式，是料理真正的食物。
> 選擇天然、沒有經過加工的食材，
> 來取代包裝好的即食食品和冷凍食品。

我們剛開始下廚做菜的時候，只覺得手足無措。我們拎著裝滿蔬果的袋子回家，卻完全不知道該如何料理這些食材。老公哈諾和我那時候對做菜完全外行。

我們上網找食譜，但許多料理對我們而言實在是太複雜了。一開始，做菜對我們來說就是一個反覆摸索的過程，一段時間後，我們體會到其中的關鍵在於**讓下廚變得簡單**！

不需要廚藝的懶人料理法

需要特殊廚藝的複雜食譜，完全不適合我們。我倆常常忘了吃飯，除非有其中一人覺得飢腸轆轆，才會想要快速解決一餐！

以前我們為了節省時間、貪圖方便，有時候會用方便的速食或冷凍食品快速處理一下，就打發一餐。但是，我們現在不再用這些東西來加速烹飪過程了。事實上，想要縮短料理時間、讓下廚變得更簡單，使用精巧的現代家電是更好的方式。

當然，購買有機食物也是節省料理時間的方法之一。我們過去從未料想到，只買有機蔬果竟能讓做菜變得如此省時。

許多水果和蔬菜，像是胡蘿蔔、小黃瓜和馬鈴薯等，其實不需要削皮。你知道蔬果的外皮往往富含大量的營養成分嗎？如果它們是照傳統方法催長，當然要削皮，因為上面殘留了大量農藥。

我們儘可能只買本地盛產的當季蔬果，也就是說，我們不會完全按照食譜的要求購買每一樣食材。反之，我們會有創意地運用這個星期裡手邊現成的食材來烹飪。我們在下面提供了一些自己的即興料理，讓你也可以利用手邊現有的任何食材下廚。

炒飯

（料理時間：約25分鐘）

把這星期冰箱裡剩餘的零星蔬菜吃完，這絕對是很好的利用方式。

做法

1. 把米放進電鍋裡煮15-20分鐘左右。
2. 把炒飯的食材剁碎和切丁，在大長柄煎鍋裡加點油拌炒。我們通常選用的食材有洋蔥、大蒜和家中現成的蔬菜，還有豆腐。
3. 把炒過的蔬菜和豆腐放進一個大碗裡，把煮好的飯倒進同一個煎鍋炒幾分鐘。把炒過的蔬菜、豆腐再倒回鍋裡做最後的拌炒。
4. 加進一些你自己喜歡的調味料，例如一點紅椒粉、咖哩粉，或只加醬油和芝麻油。

煎馬鈴薯拌炒蔬菜

（料理時間：約30分鐘）

很簡單的一道菜，除了馬鈴薯外，也可以選擇任何你喜歡的食材。

做法

1. 把馬鈴薯切丁（我們偏好低澱粉馬鈴薯），放進鍋裡蒸煮。切丁再蒸可以省能源，料理更省時。
2. 把大量洋蔥和其他你想要加入的蔬菜切碎。我們喜歡加入櫛瓜，但綠花椰菜、甜椒、蘑菇、豌豆或其他綠色蔬菜也很好。
3. 把油倒進大長柄煎鍋裡加熱後，放進洋蔥翻炒。加進蒸過的馬鈴薯，煎到金黃，適時翻攪。
4. 把馬鈴薯盛出，將其他蔬菜倒進鍋裡翻炒，再加一點油，炒個兩、三分鐘。
5. 加入鹽、胡椒粉、紅椒粉或新鮮香草調味。

農夫燉 （料理時間：約20～30分鐘）

你幾乎可以用任何食材燉煮這道料理。如同炒飯是把一星期裡冰箱殘餘的蔬菜消化完的一種很好方法，這道菜也有相同的功效，你可以輕輕鬆鬆地燉出一道美味的料理。

做法

1. 把比較慢熟的食材（如馬鈴薯、脫水豌豆）放進加水或加了高湯的鍋子裡。
2. 雖然已經開始燉煮，你絕對有足夠的時間把其他食材切碎，適時加進鍋裡。
3. 整個燉煮時間通常只需20～30分鐘。依我個人的淺見，這道料理放到隔日，嘗起來最美味！

奶油濃湯 （料理時間：約20分鐘）

我們除了喜歡把各式各樣的蔬菜切丁混合在一起，做成農夫燉或炒飯，也喜歡把買回的某種大量蔬菜做成奶油濃湯，通常是便宜得不得了的當令蔬菜。

做法

1. 把主要食材（如胡蘿蔔）大塊切丁。我們喜歡加點堅果醬、低澱粉馬鈴薯，有時候也會加進小扁豆，來增加湯的稠度。
2. 煮15鐘左右，再加一點水，不要太多。
3. 煮好後，加滿冷水冷卻。接著，放入攪拌機或食物調理機，用最高速攪拌半分鐘到一分鐘。
4. 根據自己口味調味。注意：攪拌機的馬力愈強勁，湯愈濃稠。

　　碰到沒力氣做菜的日子，我們吃沙拉、燕麥、麵包和橄欖，或者只吃一份美味的花生醬果醬三明治，一樣吃得津津有味。

　　相較於加工食品，我們注意到全食物，特別是莢豆與全穀食物，會維持更久的飽足感。反之，大部分加工食品和速食的纖維含量少，會讓人很快產生飢餓感。起初，我們從小量的莢豆和全穀食物開始，後來隨著我們的消化系統愈來愈適應，我們在飲食中逐漸增加這兩類食物的攝取量。

膳食計畫和提前備餐

　　這兩件事都很棒、很重要，但很遺憾，我們目前在這二方面的表現糟透了，我們仍在努力加強這部分。一份妥善的膳食計畫可以成為你的救星，更是家庭的救星──它會幫助你防止浪費食物和節省開銷。

　　膳食計畫是一種絕佳方式，讓你可以準時用完現有的食品雜貨。你可以選擇一週裡的某一天，備好一週所需的食物，或者只要有15到20分鐘的空檔，就提前預備食材，可以讓整個料理流程更有效率。

別想從我眼前偷任何食物喔！

▶ 想要更方便嗎？派出廚房小幫手！

　　早在我們展開零廢棄生活之前，就知道不該買過度包裝的方便速食及加工食品了，這是出於我們對美味的渴望，加工食品的味道跟家常料理根本沒得比──但我們卻吃了一大堆這樣的垃圾食品，因為在一天工作結束後，我們兩人已經累到精疲力竭，飢腸轆轆，根本沒有多餘心力再去完成那些料理一餐要做的複雜事務。

　　我們過了一段時間才體悟到，花在處理各種即溶湯包、醬料包、冷凍蔬菜包的準備功夫，其實與料理新鮮食材所需的時間不相上下。但用那些速食食材煮出來的東西，味道再好也只是普通而已。我們花了三十分鐘在廚房，到頭來只煮出了嘗不出什麼味道的食物。

　　今天，我們花相同的時間下廚。即使我們的料理非常簡單，卻吃得健康，而且色香味俱全，也能維持更久的飽足感。我們現在藉助廚房用具讓下廚更省時、更有效率，而不是用方便的速食來求快。

▌烹飪器具很好用，但不要濫買

在你瘋狂採購之前，請先三思而後行。你多常使用切片機或刨刀？在我看來，這類單一功能器具，除非像烤麵包機或電鍋一樣，一星期裡要常常用上好幾回，才值得買。否則，家中一些現成的廚具很可能已足夠使用；你要做的就是好好善用它們！
如果你已經決定要為自己的「迷你廚具兵團」再添新兵，也許是一部機器或其他用具，那麼買二手的就好！

如果堅持無塑料對你非常重要，可以找手工製的木柄菜刀。

　　從極簡觀點來看，大多數廚房用具其實可有可無。但如果有了它們，可以協助你在備餐上更加方便，而不再選用不健康、過度包裝的加工食品，它們就發揮了效用，成為你的料理好幫手。

必備組合：高品質菜刀＋磨刀器

　　說到菜刀，選購時質勝於量。刀架上全是遲鈍的難用菜刀有什麼用呢？不如購買一把好用的高品質主廚刀和一把削皮刀。看家裡有多少人而定，你可能想增加菜刀的數量到一人一把，這樣就可以全家人一起下廚（開玩笑的啦）。

　　記得要定期磨刀，以保持菜刀的銳利！

食物調理機/攪拌機

有些食物像是杏仁奶、花生醬，要散裝購買幾乎不可能，而花生醬之類的東西也不便宜。有一台高效能攪拌機[1]可以成為你的下廚好幫手，來調理各種植物奶、堅果醬、把砂糖等打成糖霜（粉），還能研磨咖啡豆和堅果等等食物。我們本來就有一台攪拌機，拿來打果昔（思慕雪）和奶昔。

功用一：烹飪用

- 烹飪奶油濃湯（手持攪拌棒也能達成；不過，馬力愈強勁奶油湯愈濃稠，即使不加奶油或椰奶）。
- 製作沾醬和青醬（手持攪拌棒就能達成）。
- 加水剁碎蔬菜，如甘藍菜（最好只用高效能攪拌機）。
- 製作沙拉醬和醬料。

功用二：烘焙用

- 把堅果磨成粉（大功率攪拌機）。
- 製作堅果醬（高效能攪拌機）。

---

1. 高效能攪拌機係指像 Vitamix、Blendtec 二家品牌的攪拌機，以及其他類似的超強馬力攪拌機（售價在五百至一千多美元間）。大功率攪拌機則是指那些優質的家用攪拌機，100 多美元就能入手。

108

- 把砂糖等打成糖霜（大功率攪拌機）。
- 把穀粒磨碎成穀粉（高效能攪拌機）。
- 製作生蛋糕（raw-vegan cake，或稱生素食蛋糕）（大功率攪拌機）。

功用三：打植物奶或醬

- 自製非乳製飲品：可把黃豆、燕麥、杏仁、腰果、花生、榛果等打成植物奶（高效攪拌機）。堅果和黃豆浸泡時間至少要四小時；燕麥之類不用浸泡。之後把水倒掉。每0.6盎司（17公克）的堅果、穀粒或黃豆加一杯水，攪拌30至60秒後，過濾。如果是做豆漿，過濾後的生豆漿要再煮20分鐘左右。
- 自製堅果醬：把腰果、花生、榛果或椰片等打到濃稠滑順（有必要的話，可以間歇性暫停，冷卻攪拌機）（高效能攪拌機）。

▌用攪拌機自製植物奶

Challenge

- 你可以自製茅屋起司（cottage cheese）甚至是豆腐，做法是把檸檬汁或醋加進豆漿或堅果奶裡（這不適用於燕麥奶這類穀物奶）。

- 你可以用堅果醬調製出「速食」堅果奶。四小匙堅果醬加一杯熱水，或加入冷水用攪拌機攪拌就完成了，不必過濾。椰漿因為很容易遇熱水就溶解，尤其適合這樣做。若要自製少量的堅果奶，這是很方便的做法，只需打出你要喝的量，可以防止食

物浪費。

* 如果你無法自己做堅果醬，而必須到店裡購買玻璃罐裝產品，仍遠優於買盒裝堅果或堅果奶。一罐 12 盎司（340 公克）的杏仁醬可以做出 164 盎司（4.85 公升）的杏仁奶，或超過 2.5 盒大盒裝的杏仁奶，成本只比等量的杏仁奶市售價格的一半多一點點而已。此外，玻璃罐也是一種環保容器，飲料紙盒則很難回收再利用。

* 你知道嗎，《赫芬頓郵報》（*Huffington Post*）的報導指出，市售杏仁奶只含 2% 的杏仁？[2] 剩餘的 98% 都是過濾水。比起來，用杏仁醬自製杏仁奶不僅更美味，也有助於減少交通運輸產生的汙染排放物，因為沒必要為此運水到全國各地，實在沒意義。

* 你知道有些市售豆漿機可以拿來做豆漿，和其他植物奶、奶昔，甚至湯品嗎？我們在許多年前添購了一台高效能攪拌機，隨後就把家裡的豆漿機轉手賣掉了。
  不過，如果你覺得高效能攪拌機的價格實在是太貴了，豆漿機也是很好的選擇。

---

2. D'Souza，〈領導品牌生產的杏仁奶只含百分之二的杏仁成分〉（Leading Almond Milk Brand Contains Only 2％ Almonds In Recipe）。Exactly Why Watching TV Has Gotten So Annoying）

功用四：製作飲品和清潔用品

- 研磨咖啡：不一定非得這樣做，因為許多販售散裝咖啡豆的地方都會提供研磨服務。不過，現喝現磨最能品嘗到咖啡的香醇。

- 「搗碎」香料：有些香料不零售，如果你沒有杵和研缽，就能使用攪拌機把香料磨成粉。

- 自製（綠）果昔（大功率或高效能攪拌機皆可）：這是市售瓶裝果汁的絕佳替代品。不像果汁，果昔也會讓人產生飽足感，而且仍然攝取得到水果裡的所有營養素和膳食纖維。但請不要嘗試用普通的攪拌機打綠果昔，這會縮短攪拌機的壽命，甚至會報銷。

- 店家一般只賣拋棄式飲料杯裝的奶昔和星冰樂（法布奇諾）。就在家裡自己做吧，記得用可重複使用的環保吸管。好喝！

- 如果你擔心用小蘇打、木醣醇或鹽巴刷牙，太過粗糙會刷蝕你的敏感性牙齒，把它們磨成粉狀，自製適用的牙膏或牙粉（參考第6章）。

製麵機

　　如果你常吃義大利麵，但附近買不到市售的包裝義大利麵（或至少是無塑料包裝的義大利麵），如果要跟本地的義大利餐廳購買店家自製的義大利麵，又太過昂貴，那麼，你可能會想要入手一部義大利麵製麵機。其實你也可以不用製麵機，只要有一個擀麵棍和一把菜刀就能自己動手做。但這需要一些手工作業和時間，而你可能無法天天都這樣做。

　　大多數的義大利麵製麵機為手動式。把製麵機鉗牢在料理檯邊，

麵糰放進後會通過壓麵機和切麵機。你需要花點時間,熟悉手動式製麵機的操作。

如果你手邊已有現成的 KitchenAid 攪拌機,可以另購一組義大利麵壓麵機與切麵機配件。該品牌的機組配件和包裝都不用塑料——運氣好的話,你可以買到二手機器!如果有自動製麵機更能大幅縮短製麵時間,讓自製義大利麵變得輕鬆又方便。

我們有一部使用了 17 年的 KitchenAid 製麵機,靠著這部機器,我們自製義大利麵的時間與烹調市售義大利麵的時間差不多。但我必須承認,直接用市售義大利麵來料理,不會像自己動手做那樣,把廚房

弄得又髒又亂。

　　你可以把自製的義大利麵晾乾（我們使用衣架），然後就像料理
市售義大利乾麵一樣烹飪。

▶ 用玻璃罐儲存食物的訣竅

　　我們的食品儲藏櫃過去就是一個大雜燴，裡面堆滿了大大小小開
封後的包裝食品，有些用夾子或橡皮筋封緊，其他就任其敞開著。我
們不斷翻櫃倒袋（塑膠袋），總是要花些時間才能在我們塞爆的食品

櫃裡，找到要用的東西。

舉例來說，我們會買一盒新的喜瑞爾穀片，只因為我們懶得打開食品櫃查看之前買的喜瑞爾還剩多少。我們會浪費食物是因為不清楚在食物變壞前，現有的儲存量已經超出了我們所能食用的量。環保組織「自然資源保護協會」（Natural Resources Defense Council, NRDC）指出，一般的美國四口之家每年浪費的食物換算成錢，約相當於2,275美元[3]！把你的食物儲存在玻璃罐裡可以防止浪費食物。

我們把食物保存在玻璃罐裡，不僅是基於美學或健康的理由。當然，食品儲藏櫃裡滿是玻璃罐看起來會更加整齊有序，而且食物不裝在塑膠容器裡，就不會釋放雙酚A，也就更健康。但主要原因還是把食物存放在透明的玻璃罐裡，很容易就能一眼看出還有哪些食材沒用完；也提醒你要把它們用完！

此外，把乾貨存放在密封玻璃罐裡可以防止害蟲成群出沒，保持食品櫃的乾淨。

由於我們過去習慣購買包裝食品，自然包裝裡有多少量就買多少，所以剛開始做散裝採購時，頓時不知所措。我們需要多大的玻璃罐來裝一磅重（453公克）的燕麥？我們該買多少個64盎司（1.89公升）的玻璃罐？或者，我們該換成以加侖為單位的玻璃罐？下面是對我們很有效的經驗談，希望能幫助你找到適合需求的玻璃罐尺寸，以免買到不合用的玻璃罐。

---

3. Gunders,（浪費）(Wasted),2012。

▌ 重新利用你的玻璃罐

當你蠢蠢欲動想要購買一組漂亮的梅森罐或法國密封罐時，我鼓勵你重新利用現成的玻璃罐。漸漸地，你就懂得怎麼省錢消費，把搭配起來賞心悅目的玻璃罐加以組合運用，而把那些不諧調的玻璃罐拿來裝剩飯剩菜，放在冰箱冷藏，也逐漸把舊有的塑膠容器汰換掉。

你在前頁圖片上看到我手上拿的玻璃罐，都是舊貨再利用。我們到處「搜刮」，從住家大樓的玻璃回收箱裡挖寶，或是從網路平台（通常是分類廣告網站 Craigslist）入手，也從公益二手店買了一些。

收集玻璃罐，到夸脫容量（946 毫升）都很容易取得。因為你無法每樣東西都買到無包裝，所以退而求其次，最有可能買到玻璃罐裝食物。除非你遇到困難——像是要醃漬食物，需要較大的玻璃罐，而這類大玻璃罐較難找到。

那麼，你可以設法找到有販售自製醃物的店家，詢問他們是否有多餘的醃罐可以出讓給你。我們自己就是從 Craigslist 網站上取得我們的 64 盎司玻璃罐，並繼續張大我們的眼睛搜尋一些加侖（約 3.79 公升）玻璃罐。

各種玻璃罐適合存放的東西

以下提供一些建議，關於不同容量的玻璃罐，適合存放哪些食品。當然，每個人的習慣都不同，以下謹供參考，你可以選擇自己喜歡的罐子來存放。

加侖玻璃罐（約3.79公升）

- 3磅的麵粉
- 5-6磅的米
- 義大利麵
- 喜瑞爾穀片
- 2磅的燕麥

64盎司玻璃罐（約1,814公克）

- 3-4磅的糖
- 1磅的燕麥片

夸脫玻璃罐（約946毫升）

- 1.5-2磅的莢豆
- 0.5-1磅的堅果
- 1-1.5磅的葡萄乾
- 2磅的鹽
- 1.5-2磅的冰糖
- 巧克力
- 0.5磅的咖啡
- 茶葉
- 它們的容量也很適合裝湯和自製的杏仁奶

（左）只要設法收集瓶蓋上沒有任何印花圖案或古怪顏色的玻璃罐，把這些重新利用的舊玻璃罐組合起來，看起來會更整齊有序。（右）我們通常把不搭調的玻璃罐拿來儲存食物，放進冰箱冷藏；我們不會把食物儲存在塑膠容器中。我們有時候連標籤都懶得撕。

品脫玻璃罐（約568毫升）

- 2杯的玉米澱粉或太白粉
- 2杯的椰子粉
- 泡打粉
- 小蘇打粉
- 種籽（例如：芝麻籽、葵花籽或南瓜籽）
- 自製的堅果醬
- 我們喜歡直接用標準口與廣口品脫罐喝水等飲料！

4盎司玻璃罐（約113公克）

- 香料

- 酵母，如果你喜歡自己做麵包或薑汁啤酒

- 亞麻籽

- 自製的牙粉、牙膏，或是我的肌膚保養混合油（參考第6章）

8盎司玻璃罐（約227克）

- 提到儲存乾貨，我們確實沒用上任何一個8盎司玻璃罐，但我們用它們來裝自製的果醬和漱口水（參考第6章），以及盛裝我們所購買的少量嘗試性東西。

製作更純淨的
家事清潔劑

把剩餘的柑橘果皮
浸泡在白醋中,
大約需要兩星期
的浸泡時間

▶ 清潔用品必備的五種材料

你注意到了嗎，幾乎所有市售的清潔用品都有警告標示？像是「有毒」、「具腐蝕性」等等。我是敏感性肌膚，只要清潔家務時沒戴手套，皮膚馬上會出現過敏反應。所幸，市面上出現了為我們這種過敏性皮膚的人所推出的低毒性、低危險性的清潔用品，也作為環保產品銷售，但很可惜的是，這些產品總是以塑料包裝販售。

哈諾和我過去常常站在貨架前良久，絞盡腦汁讀著產品標示，設法解開令人費解的成分標示，我拿出手機 App 掃描產品條碼，檢視哪個產品所含的有害物質成分較少。

> 大多數家用清潔劑都含有複雜的化學物質，
> 如果簡單的成分就可以達到良好的清潔效果，
> 我們為什麼要搞得這麼複雜呢？

過了一段時間我們才想通，是我們把事情過度複雜化了。於是，我們開始查找老祖母手工清潔用品的配方，把需要的清潔用品成分簡化到只剩五種：檸檬酸、白醋、小蘇打、洗滌蘇打，和傳統的橄欖油手工皂，如果可以的話，我們選擇不含棕櫚油的卡斯提爾皂（castile soap，Castile 是西班牙地名，製皂配方源自敘利亞阿勒坡的古皂，由於西班牙沒有月桂籽油，改用橄欖油取代，就成為百分百的純橄欖皂「卡斯提爾皂」）。

多用途的清潔小幫手

家用清潔劑中所含的有毒物質，可說是所有清潔用品中最「毒」的。其實，我們不須讓自己和家人曝露在這種危險之下，也能達到同樣的清潔效果。以下這些多用途的清潔小幫手，不僅可以清潔居家環境，還能清潔我們的身體！

你需要的所有材料包括：

- 白醋
- 檸檬酸
- 小蘇打
- 洗滌蘇打
- 一塊不含棕櫚油的卡斯提爾皂（如天然椰油皂，或是百分之百純橄欖皂）
- 精油（你可以自由選擇要不要添加，以增加香氣）

看你住哪裡，上述所有材料可能無法全都買到無包裝，甚至連無塑料包裝可能都買不到。萬一免不了會產生垃圾，你還是可以選擇盡量減少垃圾。所幸，這些材料用途多元，所以值得量販購買。

材料	市售包裝	散裝哪裡買	好處	該買多少
白醋	市售白醋通常裝在 24 盎司（約 710 毫升）或者 32 盎司（約 946 毫升）的玻璃瓶中，用塑膠瓶蓋密封 ★量販：1 加侖（約 3.78 公升）可回收塑膠瓶	食品雜貨店、大型量販店、健康食品店 ★食品雜貨店、大型量販店	用途廣泛	以一個家庭裡每人每年用來清潔的量來算的話，大約是 1/2 加侖（1.89 公升），以上是假設你只根據本書提供的所有配方來使用白醋
檸檬酸	可惜，檸檬酸多以小塑膠袋或塑膠瓶小量販售，但有時候也會以硬紙盒包裝 ★量販：大塑膠袋或大紙袋	食品雜貨店、大型量販店、健康食品店、藥局、藥妝店的罐頭區 ★手工藝專賣店、烘焙用品專賣店、釀酒/啤酒或製作起司專賣店	檸檬酸可能不容易買到，但值得你想辦法入手，因為它的用途很廣。1 小匙檸檬酸等於 5 大匙的檸檬汁，或 3.4 盎司 (100 毫升) 的白醋。檸檬酸還可用在罐頭食品、製作糖果、家庭釀酒，或自製泡泡浴球等	以一個家庭裡每人每年用來清潔的量來算的話，大約是 1/2-1 杯的量（約 100-200 毫升），以上是假設你只根據本書提供的所有配方來使用檸檬酸

材料	市售包裝	散裝哪裡買	好處	該買多少
小蘇打	硬紙盒包裝 ★量販：無包裝	食品雜貨店、健康食品店、藥妝店的烘焙或清潔用品區 ★食品雜貨店的散裝區、無包裝或散裝商店	用途很廣：可以用在清潔、牙齒護理、烘焙和烹飪上！超好用，但拿來作洗碗機的洗碗粉，消耗得很快	以一個家庭裡每人每年的用量來算的話，大約是20-30盎司(約590-890毫升)，以上是假設你只根據本書提供的所有配方使用小蘇打(不含洗滌蘇打)
洗滌蘇打	硬紙盒包裝	食品雜貨店、大型量販店、超市、藥妝店和五金店的洗衣用品區 ★如果你買不到洗滌蘇打，可把小蘇打變成洗滌蘇打：把小蘇打鋪在烤盤上，用華氏400度(約攝氏204度)的溫度烤約30-60分鐘	洗滌蘇打的腐蝕性比小蘇打強，所以如果想用小蘇打來取代洗滌蘇打(我建議這種做法只用在清潔用途上)，用量要比小蘇打少	以一個家庭裡每人每年的用量來算，約是18-25盎司(約530-740毫升)，以上是假設你根據本書提供的所有清潔配方使用洗滌蘇打(包括洗碗機洗碗粉)。只有清潔用時，才能使用小蘇打替代洗滌蘇打，譬如：你還需要5-10盎司(約150-300毫升)的小蘇打作其他使用(如：牙粉)

材料	市售包裝	散裝哪裡買	好處	該買多少
不含棕櫚油的橄欖油皂，如：卡斯提爾皂、天然椰油皂	可回收包裝紙	附近的手工皂自造達人、食品雜貨店、大型量販店	大多數品牌的肥皂都含有棕櫚油，甚至連有機棕櫚油都會破壞生態的永續發展。合宜的選擇是用百分百純橄欖油或純椰子油製造的卡斯提爾皂	一個人大約 20 到 30 盎司 (約 590-890 毫升) 的量就夠清潔和護理身體用了
不含棕櫚油的卡斯提爾皂：傳統的橄欖油手工皂 (如：敘利亞阿勒坡古皂)	有時候什麼包裝都沒有，有時候是一個紙套，有時候是外覆一層收縮塑料薄膜	附近的手工皂自造達人、中東食品雜貨商、健康食品店		
精油	小玻璃瓶，內附塑膠噴嘴和瓶蓋	健康食品店、精油專賣店	用途極廣	精油可以為自製的清潔用品增添香氣 (無味的清潔劑一開始可能會讓人覺得怪怪的)，不過就算不加精油，也不會影響它們的效用

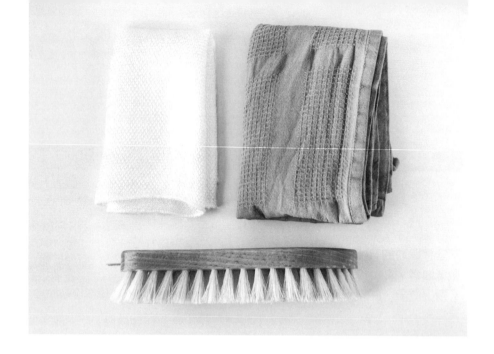

◗ 耐用的萬能清潔劑

　　以下幾項都是很好用的家事小幫手，它們都是耐用、可生物分解的材質製成的，和後面介紹的清潔劑互相搭配，效果加倍。

- 百分百純棉或純竹纖維的舊抹布（可以把舊襯衫或舊毛巾裁剪成適合大小使用）
- 碗盤擦拭布：清潔之後，用來擦亮和擦乾
- 可生物分解的木刷
- 木製馬桶刷

　　有興趣的人可去有機食品店找找看，或上無塑的網路商店（例如：lifewithoutplastic.com）瀏覽購買。接下來，本書會提供一些好用清潔劑的製作方法，廚房、浴室、地板、窗戶都可以使用。

萬能白醋清潔劑 （製作時間：1分鐘）

根據德國的「民間傳說」，用白醋清潔密封圈和密封片，會導致它們在一段時間後開始鬆脫，出現滲漏現象。但我找不到任何相關研究。

材料

- 5 大匙（或 1/4 杯加 1 大匙）白醋
- 1 又 1/4 杯水
- 自由選擇：可隨個人喜好，加 3-5 滴精油。
- 海鹽 1/4 小匙

做法

白醋加水後，倒進噴霧瓶中，最後加入精油。使用前搖一搖。

萬能檸檬酸清潔劑 （製作時間：2分鐘）

這種清潔劑沒有臭味，也不會使橡膠密封圈和密封片鬆脫。

材料

- 1-2 大匙檸檬酸
- 2 杯水
- 自由選擇：可隨個人喜好，加 5 滴精油

做法

檸檬酸加水溶解後，倒入噴霧瓶中，最後加入精油。使用前搖一搖即可。

噴一下再擦拭就可以看到神奇的效果！

萬能清潔劑的使用方法

就像「萬能清潔劑」一詞所提示的，你可以把這種多用途的自製清潔劑用在每一件家事上。只要輕輕一噴，再擦拭（或刮除），一切就搞定了。

如果你想要去除頑垢，可以這麼做：噴一下，等個五分鐘左右，然後將少量小蘇打粉噴撒在頑垢表面上。小蘇打粉會與清潔劑中的酸性成分起化學反應，可以有效地清除頑垢。如果你想要再加一種具刮除功效的活性劑，就用鹽。

萬能清潔劑可以用在下列地方：

- **廚房**：把萬能清潔劑噴在廚房各處的表面上，包括水槽、料理檯和爐子。使用一支刷子、小蘇打或鹽去除頑垢。用乾的碗盤擦拭布擦亮水龍頭。
- **浴室**：這種清潔劑對硬水水垢的除垢力，強於我們用過的任何一種清潔劑！是的，「萬能」用途也包含了馬桶。把清潔劑噴滿整個馬桶，直接加2大匙白醋或1/2匙檸檬酸到馬桶水中，靜置五分鐘後，刷洗，沖掉。你可以滴兩滴精油到馬桶裡，增添浴室香氣。
- **窗戶與鏡子**：噴、擦，再用橡皮刮水器刮拭。如果沒有刮水器，只噴在污垢上，然後用一條濕抹布擦淨。等乾了以後，再用一條乾的舊棉布（我們使用一條用舊的碗盤擦拭布）。
- **地板**：把1/3杯的萬能清潔劑加進裝滿水的水桶中。

排水管通通樂

（製作時間：10分鐘）

做法

1. 把1/2杯白醋或1大匙檸檬酸與1/2杯的水混合，放置一旁。
2. 把4杯沸水倒進排水管，接著倒入1/3杯小蘇打粉或1/4杯洗滌蘇打粉。
3. 現在，把檸檬酸混合液倒進排水管，蓋上蓋子，等5到10分鐘。
4. 最後，用1/2加侖（約1.89公升）的沸水沖刷。

消毒與除水垢

（製作時間：1分鐘）

材料

- 4小匙檸檬酸
- 1杯水
- 也可以使用純醋而不是檸檬酸加水的混合液。

做法

1. 檸檬酸加水溶解後，倒入噴霧瓶中。
2. 使用這種混合液消毒砧板或除去物品表面滋生的黴菌。
3. 噴灑後，靜置五分鐘，再刮除、沖洗或擦拭乾淨。

爐具清潔劑

（製作時間：5分鐘）

做法

1. 把萬能清潔劑大量噴灑在爐具上。
2. 靜置5分鐘後，撒上小蘇打粉，再靜置一晚或至少4小時。
3. 用溼的刷子刮除，最後用濕抹布擦拭乾淨。

▶ 去油不傷手的洗碗精

　　和前面內容一樣，我也要先分享幾個好用的家事小幫手，和接下來要介紹的自製洗碗精搭配使用。它們同樣是由耐久、可生物分解的材質製成的。

- 使用百分百純棉布或純竹纖維的擦拭布（利用舊襪衫或舊毛巾製作最理想）
- 使用刷毛為龍舌蘭或椰子纖維製作的天然材質木刷，來取代塑膠刷。建議一段時間就使用沸水刷洗，以消毒殺菌。
- 使用銅或不鏽鋼材質的菜瓜布，來取代腐蝕性化學物質。

洗碗精（皂塊配方）

（製作時間：5～10分鐘）

這種洗碗皂的去油效果不如市售洗碗精。清洗油膩的鍋子和碗盤，可以使用卡斯提爾皂。包括磨碎肥皂的時間一共10分鐘，如果手邊有現成皂片，5分鐘內可以完成。

材料

- 1 盎司（28.3 公克）不含棕櫚油的卡斯提爾皂或皂片
- 2 杯水
- 1 大匙小蘇打或 2 小匙洗滌蘇打
- 自由選擇：可隨個人喜好，加 2-5 滴精油增添香氣。

做法

1. 把卡斯提爾皂磨碎。如果已有現成皂片，跳過這個步驟。
2. 把水加熱煮沸後，關火，把磨碎的肥皂加入熱水中，用湯匙（不要使用攪拌器）攪拌到完全溶化。
3. 將混合液放在常溫下冷卻。加入小蘇打或洗滌蘇打，和精油（加或不加皆可）攪拌至充分混合。
4. 倒進按壓式給皂罐。使用前搖一搖。

洗碗精（卡斯提爾液皂配方）

（製作時間：2分鐘）

卡斯提爾液皂的除油力優於皂塊。但不用塑料包裝的不含棕櫚油卡斯提爾液皂，要更加難買，售價也貴得多。

材料

- 1/4 杯卡斯提爾液皂
- 1 大匙小蘇打或 2 小匙洗滌蘇打
- 2 杯微溫的水
- 自由選擇：可隨個人喜好，加2-5滴精油增添香氣。

做法

1. 把所有材料加在一起，充分混合。
2. 倒進按壓式給皂罐。使用前搖一搖。

洗碗機專用乾精

（製作時間：2分鐘）

材料

- 3 又 1/2 大匙檸檬酸
- 3/4 杯水
- 1 又 1/4 杯消毒用酒精、伏特加，或就用水來代替

做法

1. 把所有材料混合，直到檸檬酸完全溶解。
2. 倒進洗碗機乾精格。

好用小撇步

你可以把用過的切半檸檬拿來取代

把它們直接放進洗碗機的餐具籃裡。檸檬可以除臭，不過它們乾燥碗盤，以及保持表面透亮的效力不如乾精。你可以使用未經稀釋的白醋來取代乾精混合液，但效果會稍差一點。

洗碗機專用清潔劑 （製作時間：2分鐘）

在製作時，使用軟水和硬水的配方分量略有不同，我在下面分別列出，你可以依自己的情況選用（想知道你家的水是軟水還是硬水，一般都可以在自來水公司的網站上查到）。

材料

如果你有軟水
- 4 份小蘇打或 3 份洗滌蘇打
- 1 份海鹽或洗碗機專用軟化鹽

如果你有硬水
- 2 份檸檬酸
- 3 份小蘇打或 2 份洗滌蘇打
- 1 份海鹽或洗碗機專用軟化鹽

做法

1. 把所有材料加在一起，充分混合。
2. 每次洗碗加1又 1/2 大匙。

好用小撇步

如果你的洗碗機有專用鹽格，每次使用時把鹽加滿，再加 1 大匙的小蘇打或 1/2 大匙的洗滌蘇打。

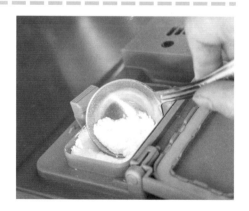

▶ 無毒、不過敏的洗衣劑

　　洗衣粉常以硬紙盒包裝販售，你可能會這麼想：「那不是可回收的材質嗎？如果是的話，我為什麼還要尋找其他的替代物呢？」遺憾的是，問題不是在於包裝紙盒，而在於裡面的洗衣粉。

　　一般的洗衣劑會對環境造成嚴重傷害。它們含有有毒化學物質、棕櫚油，和無法生物降解的添加劑。尤其是大包裝紙盒的洗衣粉，含有大量的抗結塊劑使其膨脹。你可以參照以下配方，自製洗衣劑不含有毒化學物質的洗衣劑。

洗衣粉

（製作時間：7分鐘）

上面標示的製作時間，是包括磨碎皂塊的時間；如果有現成皂片，大約3分鐘內可以完成。

材料

- 5.6 盎司（159 公克）不含棕櫚油的卡斯提爾皂塊或皂片
- 1 杯洗滌蘇打
- 1 杯小蘇打
- 自由選擇：可隨個人喜好，加 10 滴精油增添香氣。

做法

1. 把卡斯提爾皂塊磨碎。如果已有現成皂片，跳過這個步驟。
2. 把所有材料混合，如果你喜歡把皂片磨成粉狀，可以使用攪拌機或食物調理機磨碎。
3. 每次洗衣舀一、二大匙使用。

好用小撇步

你可以把舊皂塊（如旅館提供的皂塊）用在這個配方中，但不是本書提供的所有配方都適用，因為它們可能含有一些添加劑，無法得到理想的效果。

衣物柔軟精

（製作時間：2分鐘）

材料

- 3 大匙檸檬酸
- 3 杯水
- 或者，你可以用未經稀釋的白醋取代此混合液。

做法

1. 把檸檬倒進水中溶解。
2. 每次洗衣，加3大匙到柔軟精盒中。
3. 每次洗衣加3大匙左右。量的多寡不是一門精準的科學，照你自己的需求隨意調整。

手洗精緻衣物時，
卡斯提爾皂是絕佳選擇。
如果衣物特別髒，
可以加一小匙洗滌蘇打，
清潔效果很棒！

最天然的洗衣劑——馬栗

如果你住在溫帶氣候區，附近公園很可能就有馬栗樹（horse chestnut，又稱七葉樹）。大約在每年九月和十月，這種免費的純天然洗衣劑就在街道兩旁生長茂密！不過特別警告：千萬不要把馬栗樹的果實（也就是馬栗）和一般栗子混淆，馬栗是不可食用的。

如果想用馬栗來製作天然洗衣劑，需要收集多少顆才夠？我的經驗是，每次洗衣時，約需3盎司（85公克）的乾燥馬栗，或是3.5盎司（99公克）的新鮮馬栗。我們通常一星期洗一次衣服，一年大約洗52次，也就是說，我們一整年需要11,375磅（5.16公斤）的新鮮馬栗（52次×3.5盎司＝182盎司＝11,375磅）。

▌馬栗樹 V.S. 無患子

無患子在印度被大量使用，但由於歐洲和北美等地需求增加，造成無患子售價暴漲，貴到許多印度人買不起，被迫改用具有腐蝕性的化學洗衣劑，洗完衣服的廢水也得不到適當處理。

馬栗和無患子一樣，都含有皂素（或稱皂苷），皂素是一種像肥皂一樣的化學化合物。以環保的角度來說，馬栗樹的果實掉落後，通常就任其在地上腐爛，所以將掉在地上的果實撿拾、收集，並善加利用，絕對是友善環境的行為。這樣做既不會對任何一地的市場造成嚴重衝擊；也不用橫越大半個地球載運到世界各地；對敏感性肌膚的人而言，更是一種絕佳的洗衣劑。

這是一種純天然洗衣劑，可生物降解，甚至還免費（應該沒有人會不同意吧？）不用說，馬栗樹和無患子也完全可以生物分解。

如何使用馬栗來洗衣服

你有兩種選擇，使用馬栗來洗衣服。一個是先把馬栗做成馬栗茶，另一個是把馬栗打碎裝袋。你可以依照自己的喜好選擇，以下分別介紹兩種做法：

方法一：馬栗茶

1. 把3盎司的碎果放入到一夸脫容量（946毫升）的玻璃罐中，加滿熱水（冷水也可以）。
2. 在熱水中浸泡五分鐘，或是在冷水中浸泡一個晚上。
3. 過濾後，就可以作為洗衣劑了。
4. 特別髒的衣物，可以再加二大匙洗滌蘇打，加強去污效果。
5. 如果你喜歡衣物聞起來有香味，可以照自己的喜好加添1-10滴精油。
6. 你可以在下次洗衣時，回沖馬栗樹茶，只是效果會差一點。你可以把茶渣放在冰箱冷藏一個星期。

方法二：裝袋

1. 把3盎司碎果放進一隻舊尼龍襪裡，確定打結打得很牢固。
2. 把襪袋放入洗衣機中，與要洗的衣物一起清洗。

馬栗洗衣劑 （製作時間：視情況而定）

我們所需要的製作時間，是到公園裡花30-60分鐘，收集一整年所需的足夠馬栗，另外花一個半小時處理收集到的馬栗，以利長期保存。

材料

事前準備

- 一年所需的足夠馬栗（5.16公斤的新鮮馬栗）
- 一台性能良好的攪拌機或普通的食物調理機（或者一把菜刀加大量的超人般耐心）
- 碗盤擦拭布或烤盤

每一次洗衣

- 3盎司切碎的馬栗
- 選擇馬栗茶（方法一）或一隻尼龍襪子（方法二）
- 可自由選擇：2大匙洗滌蘇打
- 可自由選擇：可隨個人喜好，加10滴精油

做法

1. 清洗馬栗，然後用布巾擦乾。
2. 自由選擇：削皮，防止白色衣物被染色（我們不削皮，因為我們沒有許多白色或淺色衣物。即使如此，我們從未發現家裡的白色床單有被馬栗皮染成棕色的情況）。
3. 把馬栗分批用攪拌機或食物調理機攪碎（或是用一把菜刀慢慢剁碎，也是不錯的方法）。
4. 把碎果鋪在碗盤擦拭布或烤盤上。
5. 放置在陽光下曝曬，或置於電熱器旁。
6. 一定要確認乾燥後，才能放進大玻璃罐或其他容器裡儲藏，否則會發霉。

CHAPTER

6

身體保養品與
衛生用品

肥皂的最佳選擇

提到洗髮精、洗手乳、沐浴乳和洗面乳，我們究竟可以怎麼避開塑膠瓶？這聽起來不怎麼令人開心，但卻是事實：塑料要經過好幾個世紀才會分解成愈來愈小的物質。

從肥皂塊開始是很好的第一步。你可以買到無包裝或用「可回收紙」包裝的肥皂。它們似乎是再理想不過的零廢棄生活的解決方法之一，可惜的是，幾乎所有肥皂都含有棕櫚油。

棕櫚油是最廉價的可用油，對棕櫚油的高度需求，導致有不肖人士縱火焚燒雨林，藉此非法砍伐林地，以闢出空地來種植棕櫚樹。這不但大大地破壞自然棲地，更迫使定居印尼、馬來西亞和哥倫比亞雨林區的原住民不得不離開家園。此外，雨林蓄積的二氧化碳含量比起世界其他任何生態系統都來得高，因此砍伐雨林所釋放的巨量溫室氣體，對氣候變遷（全球暖化））有極大的影響。

令人遺憾的是，截至目前為止，連RSPO（Roundtable of Sustainable Palm Oil，棕櫚油永續發展圓桌會議）認證的有機棕櫚油，都離永續的標準還差得很遠。

不含棕櫚油的純天然油性皂

卡斯提爾皂是一種油性皂。令人遺憾的是，布朗博士品牌旗下所有的肥皂都含有有機棕櫚油（甚至連有機棕櫚油也都備受爭議）。你的最佳選擇也許是詢問本地的手工皂達人，他們是否有自製或願意接

受製作不含棕櫚油的肥皂。據我所知，Kirk's品牌的純天然椰子油卡斯提爾皂是唯一不含棕櫚油的肥皂，雖然不是使用有機成分，但它的包裝紙採用可回收紙。

我們來自歐洲，所以非常愛用依循古法製作，採用百分百純橄欖油、有時候會添加月桂果油製成的橄欖油皂。這些肥皂採用中東國家的古法製作，普見於土耳其、希臘和法國，這也是為什麼經常可以在具有民族風的商店找到這類肥皂。

卡斯提爾皂的各種用途：

- 清洗全身，包括用卡斯提爾皂洗頭、洗臉和洗手。
- 用刮鬍刷沾卡斯提爾皂，當作刮鬍膏！
- 自製卡斯提爾皂洗碗精（參考131頁），你也可以直接沾肥皂清洗油膩的鍋具和碗盤。
- 自製卡斯提爾皂洗衣精（參考135頁），用它來洗精緻衣物或預先清除汙漬。
- 放幾塊在櫥櫃和抽屜裡，作為天然驅蟲劑。

▶ 最棒的保養品就在廚房裡！

肌膚清潔

純天然卡斯提爾皂是很好的全身護理聖品。只要把肥皂抹在洗臉的毛巾、絲瓜絡或手上，就能使用。泡澡時，把肥皂在身上來來回回

我的整套身體護理用品：橄欖油皂、蘋果醋和食用油。

搓洗幾次，就能洗淨。

肌膚護理

　　你可以只花很少的錢就能擁有純天然肌膚保養品。如果食品儲藏櫃已經有你需要的一切東西，為什麼還要花大錢去買呢？

　　根據英國《每日電訊報》（*Telegraph*）的報導，一名普通女性每天塗抹在身上的化學合成物高達515種[1]！當然，每一種化妝品都受到法規控管，但是我們每天例行使用的美妝及保養品中所含有的化學

合成物，卻快速增加，而且不斷有新的化學合成物因此曝光。相比之下，有機食用油不僅安全——你可以照字面意義名正言順地吃下肚也沒問題——也比藥妝店的美妝用品便宜。

依照膚質選擇適合的保養油

想想看食用油的用途多麼廣泛！我們不需要為身體的每個部位購買專用的保養品。你可以在眼睛、嘴唇、手和腳的周圍，塗上食用油達到護膚效果。以食用油來替代乳液，你可以視情況來決定使用哪種油，連油性肌膚都能從中受惠。

冷壓初榨葵花籽油

- 適合各種膚質
- 散發葵花籽味
- 對易生濕疹肌膚有益
- 抗發炎
- 富含維他命E
- 比其他食用油更快被肌膚吸收
- 好用的卸妝油
- 用在廚房料理：很棒的沙拉醬佐料

---

1. Jamieson，〈女性每天擦515種化學物在臉上和身上來美容保養〉，（Women put 515 chemicals on their face and body every day in beauty regime）。

冷壓初榨椰子油

- 適合乾燥、敏感脆弱、易生濕疹肌膚
- 散發椰子和夏天的味道
- 熔點在攝氏26度左右
- 舒緩濕疹肌膚的乾癢不適
- 快速被吸收，但只停留在皮膚基底膜的上層
- 卸妝效果不好
- 用在廚房料理：適用於烘焙或一般的煎炒油炸，發煙點在攝氏180 度左右

初榨橄欖油

- 適合乾癢、脫皮、易生濕疹肌膚
- 聞起來像我最喜歡的沙拉醬味道
- 抗發炎
- 促進血液循環
- 吸收比較慢
- 能滲進皮膚更深層
- 橄欖油會在皮膚表皮形成一層保護膜，是很好的護唇膏，適合在冬 天保護肌膚
- 好用的按摩油
- 好用的卸妝油
- 用在廚房料理：沙拉和煎炒油炸都適用（發煙點在攝氏180度左右）

芥菜籽油

- 適合乾燥、敏感、脆弱、脫皮的肌膚
- 散發微香堅果味
- 含維他命 E、維他命 K、維生素 A 先質（Provitamin A）
- 對抗自由基，保護肌膚，具有良好的抗老化成分
- 用在廚房料理：沙拉和煎炒油炸通通適用

芝麻油

- 適合血液循環不良造成的乾燥肌膚
- 散發芝麻香氣
- 富含維他命 E
- 吸收慢，但可滲入皮膚更深層
- 好用的按摩油
- 用在廚房料理：適用於沙拉醬、煎炒油炸，或增添醬料風味

大豆沙拉油

- 適合偏乾性肌膚、混合性肌膚、稍油的肌膚
- 幾乎無味
- 大豆沙拉油會使液體乳化，所以洗完澡後，趁身體還濕潤的時候塗上，會讓肌膚獲得最好的滋潤效果
- 改善老繭
- 肌膚的吸收相對快速

● 用在廚房料理：非常適合煎炒油炸

核桃油

● 適合混合性肌膚──會乾燥脫皮又會出油的肌膚
● 散發核桃味
● 非常適合脆弱的敏感性肌膚
● 富含維他命 B
● 快速被肌膚吸收，均勻擴散
● 用在廚房料理：很棒的沙拉佐料

　　你可以混合這些護理油，綜合它們的特性。我喜歡加點椰子油到我所使用的肌膚護理油中，增添芳香，但也可以只加幾滴精油。茶樹精油可以修護受損肌膚，夏天使用薄荷精油可以降低皮膚表面溫度，可以有效舒緩雙腳的疲勞。

除了食用油可以
保養肌膚，咖啡渣
也是非常好用的
去角質材料

➡ 天然體香劑DIY

　　以下配方皆是由德國DIY部落格客賈斯敏・施耐德（Jasmin Schneider，網址為 schwatzkatz.com）提供。還好，我沒有汗臭味，用不著體香劑，甚至連健身的時候也用不到。但哈諾就沒這麼幸運了。他發誓說，下面的配方是他用過最有效的體香劑。身為他的妻子，無論是坐著、站立或睡覺與他都有親密接觸，我可以證實他所言不假。

噴霧型體香劑　　　　　　（製作時間：2分鐘）

材料

- 1-2 小匙小蘇打
- 1/2 杯水，煮沸消毒，冷卻到華氏 120 度（約攝氏 48.89 度）以下
- 一個噴霧瓶
- 8-10 滴萊姆精油或鼠尾草精油（不加精油的除臭劑效果較差！）
- 2 滴茶樹油（茶樹含抗菌成分）

做法

1. 把小蘇打加入水中溶解
2. 倒進噴霧瓶後，加入精油。
3. 搖一搖充分混合。
4. 使用前，搖一搖。

好用小撇步

使用時的重要提醒

你的衣服應當避免殘留任何市售體香劑，因為殘留的體香劑會與自製的體香劑產生化學反應！要除去殘留物，你可以先把衣物浸泡在檸檬酸和溫水的混合液中，再放進洗衣機裡。

▶臉部保養DIY

關於肌膚護理，本章前面已經說明過了，請參考145頁肌膚護理的內容。這裡要介紹的是臉部護理時會用到的各種DIY保養品。

保養面膜　　　　　　　　　　　　　（製作時間：2分鐘）

材料

- 一大匙皂土（bentonite，又稱膨潤土、白奶土）或另外一種藥用黏土
- 一小匙水或甘菊茶

做法

1. 把皂土與水或茶混合。
2. 把泥膜均勻地敷在臉上、脖子上和胸前。
3. 等乾了之後，用微溫的水把臉洗淨。

這種面膜拿來嚇唬小小孩，效果也很棒喔！像這樣：「媽咪回來了，吼──！」

151

卸妝油

（製作時間：0 分鐘）

做法

1. 使用可洗式化妝棉來取代拋棄式。你可以把百分百純棉碎布拿來縫製成化妝棉，或上零廢棄生活實踐者傑西・史托克的網站網購。你也可以在知名手工藝網站 Esty 找到一些。
2. 我發現葵花籽油和芥菜籽油是非常棒的卸妝油。雖然現在很風行椰子油，但那不是最好的卸妝油。
3. 如果你不是化那種超長時間也不脫妝的防水妝，使用一條簡單的棉毛巾和一點卡斯提爾皂，就能卸好妝。

護唇膏

（製作時間：3 分鐘）

材料

- 1 大匙椰子油
- 1/2 小匙橄欖油
- 1/2 小匙葵花籽油或芥菜籽油（或就以橄欖油來代替）

做法

1. 首先熔化椰子油（熔點在攝氏 25.56 度左右）
2. 完成後，與橄欖油、葵花籽油或芥菜籽油混合。
3. 倒入一個小容器中，靜置二十四小時。

這種自製護唇膏的缺點為，溫度上升到攝氏 25 度以上就會液化。但這是純植物性護唇膏，也不含棕櫚油（143 頁對此有更詳細的敘述）和煤油（也就是礦物油）。

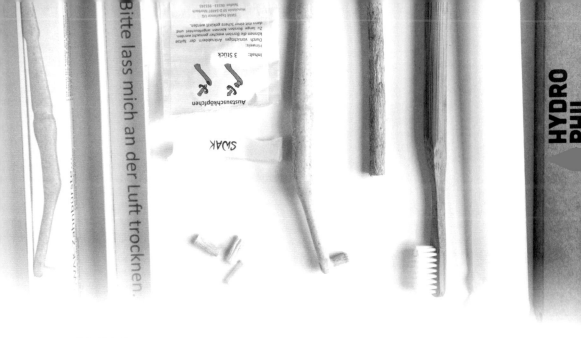

▶ 口腔衛生DIY

天然抗菌的竹牙刷

竹子不僅是生長最快速的植物之一，還含有天然抗菌成分。這使得竹子成為最理想的牙刷材料。

儘管大多數品牌宣稱它們的牙刷刷毛材質，百分之百可生物降解，但它們的供應商（或許不知情）仍然在販售含有塑料的刷毛。如果你的手邊剛好有這些牙刷，可以自己測試一下：用火燒牙刷刷毛——如果味道聞起來有種恐怖的塑膠味，而且燒成一團黑，你的牙刷就含有塑料。

唯一真正可生物分解的牙刷，是豬鬃所製成的刷毛。但豬鬃內部呈現空心，成了細菌理想的繁殖場所，使用時特別注意。除此之外，我們支持購買零殘忍產品（cruelty-free，指未對動物進行實驗的產品）。我們最後選擇使用一家洛杉磯公司「竹刷」（Brush with Bamboo）的牙刷產品，因為這家公司已能製造出含有最少塑料的牙

刷刷毛。

　　如果你在住家附近找不到賣竹牙刷的商店，要求店家考慮進貨。讓你的聲音被聽見，你就能夠帶來正面改變！

純天然、可分解的樹枝牙刷

　　如果你願意用開放的心態，嘗試牙刷的其他選項，那麼，米斯瓦克樹（miswak）[1]牙刷或苦楝樹（neem）[2]牙刷為百分百純天然選擇。你不必使用牙膏來刷牙，因為苦楝樹和米斯瓦克樹都含有保護牙齒的天然複方成分。

　　你可以在竹刷公司的網站BrushWithBamboo.com購買生長於佛羅里達、無塑料的苦楝樹枝，但截至目前為止，我還沒有收過無任何塑料包裝的米斯瓦克樹枝牙刷。

牙膏與牙粉的替代品

　　市售的品牌牙膏含有種類廣泛的化合物，像是表面活性劑、防腐劑、研磨劑、人工色素、乳化劑、調味香料、增稠劑、賀爾蒙干擾物質三氯沙，甚至還有微塑膠。坦白說，你真的不需要這些東西來刷健康的牙齒！

　　以下是好用的天然替代物：

1. 譯注：生長於中東的一種刷牙樹，能分泌一種類似牙膏的乳狀物，去垢力強，可預防蛀牙。
2. 譯注：印度苦楝樹含有抗發炎、抗細菌等成分，常被印度人拿來當作牙刷護齒。

小蘇打

- 有些市售牙膏也含有小蘇打
- 中和侵蝕牙齒的酸性物質，保護琺瑯質不受損壞
- 美白牙齒，但只會低度磨損牙齒表面
- 很容易就能買到硬紙盒包裝的小蘇打

皂土

- 降低口腔酸性，效用很像小蘇打
- 富含礦物質，卻不會造成牙齒的嚴重磨損
- 請注意，在用皂土刷過牙後，很難完全從口中吐出，可以多漱口

木糖醇

- 一種天然甜味劑，可以抑制造成蛀牙的細菌的滋生
- 比較不容易買到無塑料包裝，可以各處多找找看
- 請注意，鹹小蘇打混合甜木糖醇的味道，可能需要一點時間才能逐漸適應

其他成分

- 茶樹精油：含有抗菌成分，有助防治牙齦發炎
- 薄荷精油：可以防止口臭
- 椰子油：含有月桂酸，具有消炎和少許殺菌功效

小蘇打牙粉 　　　　　　　　　　　　　　（製作時間：1分鐘）

要使用時，先用濕牙刷輕輕沾一點牙粉，牙粉會沾附在牙刷上，將牙刷稍微傾斜，讓剩下的乾淨牙粉掉回罐子裡。然後像平常一樣刷牙，這種牙粉不會產生泡沫。

材料

- 1 大匙小蘇打
- 1 小匙木糖醇（可加可不加）

做法

1. 用攪拌機把所有材料磨成粉。
2. 倒進小玻璃罐或搖搖杯中。

好用小撇步

不傷牙齒的牙粉使用方式

為了防止小蘇打、鹽或木糖醇的結晶體磨到牙齒的琺瑯質，我事先都會用食物調理機或攪拌機把它們磨成粉。如果你家裡沒有食物調理機或攪拌機，又擔心小蘇打會磨損牙齒表面，在刷牙前，可以先把做好的牙粉含在嘴裡溶解，再開始刷牙。

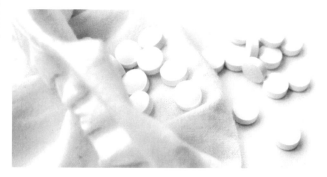

在歐美一些零浪費網路商店可以買到牙膏片，作用和牙粉類似，也完全不含防腐劑等化學成分。

抗菌牙膏 （製作時間：5分鐘）

材料

- 1 大匙小蘇打
- 1 小匙木糖醇（可加可不加）
- 2 大匙椰子油
- 5 滴茶樹精油
- 12 滴薄荷精油

做法

1. 用攪拌機把小蘇打和木糖醇磨成粉。
2. 如果攪動椰子油很費力，可以稍微加熱熔化。
3. 把所有材料混合。

好用小撇步

氟化物有害或者不可或缺？

- 在自來水中加氟是一個具有爭議性的話題。氟化物可能會對身體和環境有害。我的牙醫建議只加少量氟化物就好，還說：「劑量決定毒性。」

- 由於在美國和加拿大大部分地區的自來水都加了氟，因此不一定要使用含氟的牙膏[3]。除此之外，還有其他牙膏成分可以選擇，例如木糖醇，它和氟的功效一樣都可以預防蛀牙。

- 你可以在一些健康食品店購買木糖醇，或是向大型連鎖食品雜貨店下單並到店取貨。它最有可能以塑料包裝，但整體而言，仍然減少了許多廢棄物的產生。

---

3. 譯注：根據台灣自來水公司的網站訊息，台灣的自來水中都沒有加氟。

抗菌漱口水

（製作時間：1-2分鐘）

材料

- 1杯水，煮沸消毒後，靜置冷卻到華氏120度（攝氏49度左右）以下
- 1小匙小蘇打
- 5滴茶樹精油
- 5滴薄荷精油
- 1小匙木糖醇（可加或不加）

做法

1. 把所有材料放進一個玻璃罐或小瓶子中，搖一搖。
2. 每次使用前，記得要搖一搖。
3. 倒一大匙含在嘴巴裡，漱口1-2分鐘。

這種自製漱口水未添加任何防腐劑，可安心使用！另外提醒一點，不要一次做好幾罐，每做完一罐，請在兩星期內用完。

環保牙線

　　就我所知，截至目前為止，市面上尚未販售任何無塑料、不帶任何動物足跡的純素牙線。你能夠買到的最環保牙線就是使用硬紙殼（Eco-Dent生產）而非塑膠殼的素尼龍牙線（無法生物降解）。

　　一家美國邁阿密公司Dental Lace販售天然蠶絲和小燭樹蠟為材質的牙線，它裝在一支漂亮的小玻璃瓶中，再用硬紙盒包裝。它們也有可生物分解的透明玻璃紙充填包。

　　你也可以買到Radius生產的以天然蠶絲和小燭樹蠟為材質的牙線（大多數健康食品店都有賣），可惜的是Radius的產品要不是塑膠殼牙線，就是愚蠢可笑的用過即丟小袋裝牙線 [4]。

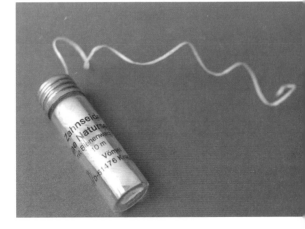

　　此外，你可以把一塊蠶絲布撕開，抽出一些絲線，當作牙線使用。接上如果你的齒縫大小足夠的話，也可以用椰子油潤滑強韌的棉線，當作牙線。

刮舌器

　　你可以（上網）買不鏽鋼刮舌器，或者乾脆用湯匙來刮舌。

---

4. 編注：台灣也可以買到蠶絲牙線，許多講求環保、減塑的網路商店都有販售這類商品，也可以去各地的生活市集看看。

▶ 布料手帕的妙用

　　手帕經常被視為既不衛生又過時落伍的東西，但這種假設站不住腳。手帕不衛生是因為用的人不衛生。你只要確定自己不會在打噴嚏時，連續好幾天都用同一條手帕（或面紙）摀住嘴鼻。

怎樣清洗布料手帕

　　手帕很小，所以總是有空間可以與其他衣物一起放進洗衣機裡洗。這也就是說它們一般是用溫水而非熱水來清洗。同理，我們也可以確定我們把手帕跟著白色衣物一起用熱水清洗。我建議在生病期

手帕的顏色、樣式繁多，幸好有素淨的純白手帕可以選擇。

間,用熱水洗手帕。

　　如果你沒有許多白色或非常髒的衣物需要用熱水清洗,只要把你的手帕放進盆子裡,倒進沸水蓋過手帕堆,浸泡個15分鐘殺菌,然後再與其他衣物一起洗。

更好用的隨身攜帶方式

　　就像你平日攜帶面紙一樣,記住無論你去哪裡,都要隨身攜帶手帕,以備不時之需。我自己喜歡用一個小袋子裝清潔的手帕,再用另外一個袋子裝用過的。

▌ 今天,哪裡可以買到布料手帕?

- 自己動手做:利用碎布或舊衣服自製手帕
- 詢問你的祖父母是在哪兒買手帕的
- 分類廣告網站 Craigslist 或 Ebay
- 永續／零廢棄商店或網購
- 百元商店和大型量販店有時候會有貨

Challenge

頭髮保養DIY

塑膠瓶裝洗髮精的替代品

　　除了市售的各式各樣洗髮精,你還有更多的選擇。下面提到的都具有良好的清潔效果:

- **洗髮皂**：把頭髮和頭皮打濕後抹上洗髮皂，它的感覺很像洗髮精。你甚至可以在大型量販店買到洗髮皂。
- **卡斯提爾肥皂**：用起來就像一般的洗髮精，但一定要用醋潤絲（參考165頁）。
- **不用洗髮精的選項**：有一些洗髮方式可以跟洗髮精說掰掰。最流行的一種是小蘇打加水的混合液。但我更喜歡用黑麥（也稱裸麥）麵粉。

用黑麥麵粉洗髮、去除頭皮屑

　　我發誓，我自己採用這種純天然洗髮方法，是因為我終於可以藉此去除我的頭皮屑，和潔淨油膩的頭髮。不過，黑麥麵粉可能很難買到量販包，甚至連無塑料包裝都不好買。你可以到麵包店碰碰運氣，

祝你好運！

特別注意：硬水會造成看起來像頭皮屑的東西殘留在頭髮裡，不容易沖乾淨。看你過去習慣用的洗髮精，以及你的膚質和髮質而定，可能需要幾星期時間適應新的洗髮用品。之後，頭皮就會自我調節，你的頭髮就不會再像之前那樣很快就變得油膩。

轉換到這種洗髮方法後，你的頭髮摸起來可能像蠟一樣，這是過去所使用的美髮產品累積在髮上的殘留物所致。可惜，大多數殘留物不會消除，好消息是，你可以分辨出新長出來的頭髮柔軟又健康。

如果你和我一樣有敏感性肌膚，市售洗髮精和卡斯提爾肥皂很可能會讓你的頭皮發炎。反之，黑麥麵粉不會干擾頭髮和肌膚的自然酸鹼值平衡，而且富含維他命B5，具有刺激再生和抗發炎的功效。

好用小撇步

用途多多的黑麥麵糊

黑麥麵粉也是超好用的面膜，也可以用來當作沐浴精使用！攪拌好的黑麥麵糊，不論是當面膜敷臉、洗澡時代替沐浴精、肥皂，都非常好用。

黑麥麵粉洗髮液

（製作時間：1-2 分鐘）

材料

- 打蛋器
- 1-3 大匙黑麥麵粉
- 一些水

做法

1. 加一點點水到黑麥麵粉裡，然後用打蛋器攪拌混合。
2. 攪拌到完全沒有結塊。
3. 加水，繼續攪拌到稠度比洗髮精略稀一點。

用法

1. 把頭髮打溼，把黑麥粉洗髮液倒在頭皮上，加以按摩。
2. 等個1-2分鐘左右，再徹底沖洗乾淨。
3. 用蘋果醋潤絲（參考下頁）。

> 黑麥麵粉洗髮液不會起泡、無味，需要一點時間適應

好用小撇步

好用的乾洗髮——玉米澱粉！

如果你的頭髮顏色比較淺，可以用大支的化妝刷具或畫筆，沾取玉米澱粉，大量塗在髮根上，再用梳子把玉米澱粉梳掉。如果你的頭髮顏色比較深，你可能會想加一些可可粉混合，沾取比淺髮少的用量，塗上後再梳開，如此重複。

改善髮質的醋潤絲

（製作時間：1分鐘）

材料

- 1 大匙蘋果醋或檸檬汁
- 1-2 杯水

做法

1. 把蘋果醋或檸檬汁倒進（量）杯，洗澡時一起帶進浴室。
2. 洗完頭髮後，把溫水注滿杯子，然後把混合液倒在髮上（如果你的頭髮很長，可能要用上二倍的量）。
3. 等個1-2分鐘，再用水徹底洗淨。

好用小撇步

- 醋可以光滑角質層，減少頭髮捲曲。你的頭髮會立即變得柔順光滑。
- 不要使用白醋，因為醋酸味會留在髮上。
- 如果你很喜歡自己動手作康普茶（komhucha，又稱紅茶菌或菇茶），一定會很高興聽到康普茶醋的潤絲效果也非常好。切記，一定要根據康普茶醋既有的酸度，來調整製作的劑量。
- 如果你的頭髮受損（也許是染髮或燙髮所致），可以把濃度加倍。用醋潤絲頭髮，對保持染髮的顏色效果特別好。

▶ 除毛用品的優質選項

刮毛是最普遍的除毛方法。這通常意謂要消耗塑料刮毛刀，和許多昂貴的塑料刮毛刀刀片。但現在不只這一種護理毛髮的方法。

電動除毛刀

就和所有電動（及電子）小家電一樣，生產一個電動除毛刀必須消耗大量資源。它們也需要靠電力來運轉。不過，如果你能夠細心保養你的電動除毛刀，可以使用一輩子。

直式剃刀

這可能是唯一的零廢棄選擇，因為只要把刀片磨利就能繼續使

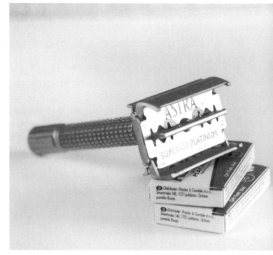

用，永遠不用更換刀片。這種傳統刮毛刀的材質是完全可回收的，有些則可生物分解。

安全剃刀

這是消耗式塑料刮毛刀的傳統版。這種剃刀為純金屬製品，有些廠牌（如Astra）推出完全無塑料產品，只用紙包裝。

好用小撇步

用完馬上擦乾

刮毛後，一定要保持刀片的乾燥，防止刀片生鏽。一用完就把刀片擦乾，明顯地能讓刀片使用得長久一些，也能常保鋒利。有一種叫「蝴蝶」式雙開設計的刮毛刀，可以讓你輕鬆地更換刀片。

用肥皂泡代替刮鬍膏

沒必要使用罐裝的刮鬍膏。只要有一塊橄欖油皂和刮鬍刷就行了。把刷子沾溼後，快速塗抹肥皂，製造出「真正的泡沫」。這種泡沫不只非常親膚，且效果顯著。

蜜蠟除毛

蜜蠟除毛是一種傳統的脫毛方法。你可以用糖、檸檬汁和水自製蜜蠟除毛膏。要調製到適當的黏稠度和溫度，需要一些練習。

脫毛劑

脫毛劑是一種方便的除毛方法。顧名思義，使用脫毛劑和蜜蠟除

毛一樣痛。

一勞永逸的除毛

　　有幾種方法可以一勞永逸除毛。最普遍的方法可能是脈衝光和雷射除毛。這兩種方法既不能免除痛苦也不便宜，而且要進行多次除毛療程。如果你對它們有興趣，在跳入之前，一定要先仔細了解一下情況，並預約好諮商時間。

生理用品的
另一種選擇

DIY 布製衛生棉
只需要基本的
縫紉技術，
要不要試著自己
做看看呢？

▶衛生棉與棉條的潛在傷害

一個普通女性一生當中，大約使用11,000至17,000個衛生棉條或衛生棉。[1] 這買下來不僅是一筆大錢，也消耗大量資源，而且會對身體產生潛在傷害。

健康上的風險

市售衛生棉和棉條的原料大多為傳統的棉花和植物纖維素。根據有機貿易協會（Organic Trade Association）的報告指出，由於棉花大量使用殺蟲劑，成了農作物中汙染全球環境的最大殺手[2]。纖維素萃取自樹木，令人遺憾的是，這往往導致非法盜伐林木。萃取過程又大量仰賴化學物質。換言之，衛生棉條與衛生棉含有有害物質，照理說不應該生產此類與身體敏感部位有如此親密接觸的產品。

中毒性休克症候群（Toxic Shock Syndrome, TSS）是細菌感染所致，使用棉條有可能感染這種病。嚴重的話，這種病有致死可能（雖然這種情況不是很常見）。

對環境的衝擊

萃取自樹木的纖維素可以用來製造紙張、衛生棉和棉條等。世界

---

1. Spinks，〈拋棄式衛生棉條〉（Disposable tampons）或 Mercola，〈女性自覺〉（Women Beware）。
2. 有機貿易協會，〈棉花與環境〉（Cotton and the Environment），1-3。

野生生物基金會（World Wildlife Fund, WWF）估計，全球有15%到30%的林木交易，來自非法盜伐[3]。棉花也好不到哪裡去。棉花屬於高耗水作物，通常生長於乾旱地區。2,640加侖的灌溉水，僅能產出一磅的棉花[4]。牛仔褲大多重約一、二磅左右。

原物料接著會運送至世界各地做進一步加工，甚至會消耗掉更多的水、能源與其他諸多資源。過度使用化學物質也會汙染環境。產品製成之後，需要加以包裝才能販售，而包材本身若是塑料，就是一個曠日費時的製程──首先，必須鑽探地表取得化石燃料……好了，先打住，讓我們回到正題上。產品包裝好之後，要運送到倉庫，經過一條複雜的供應鏈作業後，終於進到商店，然後運抵你的家門。最後，這個經歷了複雜程序的產品，只被使用了幾個小時，便開始下一個旅程──前往垃圾掩埋場。

▶ 月亮杯：棉條的改良版

月亮杯（menstrual cup，一種月經量杯）是一種小型矽膠杯，捲起置入陰道中，用承接而非吸收的方式收集經血。

由於月亮杯不採吸收式設計，不會損傷陰道黏膜組織，也不會對陰道菌落有任何不良影響，可以預防中毒性休克症候群，也就是衛生棉條外盒上所警告的病症。所有月亮杯幾乎都採用醫療級矽膠和乳膠

---

3. 世界野生生物基金會，〈非法盜伐〉（Illegal Logging）。
4. 水足跡網路（The Water Footprint Network），〈產品陳列館〉（Product Gallery）。

製作而成。換言之，不像衛生棉條或衛生棉，月亮杯不會釋出任何有害物質，可以防止發炎、黴菌性陰道炎和過敏反應。

月亮杯的售價在15到40美元間，可以使用十年[5]。

和棉條一樣，置入和拿出月亮杯都需要一點練習。不過，不像棉條，月亮杯可以留在體內長達12小時，因此很適合在夜晚睡覺和經血較大量期間使用。把月亮杯的經血倒到馬桶或水槽裡，用水洗淨或用衛生紙擦拭乾淨（如果你剛好在公廁）後，重新置入陰道中。在下一次經期來到之前，消毒後收好，一般用煮沸法消毒。

▶ 布製衛生棉與護墊

布製衛生棉與護墊有各種尺寸、圖案和設計。我的評價就是和拋棄式一樣舒適。

你可以在Esty和永續性網路商店（如零廢棄生活實踐者史托克的線上商店）購買。這些愛心手作布衛生棉售價較貴，既然它們可以用上十年，長期下來，一定會為你省錢[6]。

---

5. 編注：台灣使用月亮杯的人已經愈來愈多，在網路上搜尋「月亮杯」，即可得到大量購買資訊，依品牌不同，價格大約在台幣800-2000元之間。
6. 編注：在台灣，販售布製衛生棉的地方日漸增加，一些有機商店、網路購物平台、私人手作坊都可以買到。

廁所裡的
零廢棄

上小號和大號
是每天都會做的兩件
事，但我們幾乎
從不去談論它們

▶ 捲筒衛生紙之外的選擇

衛生紙顯然是一種拋棄式消耗品，一般都以塑料包裝販售。大多數人若不用衛生紙可能會感到不舒服。但從衛生的觀點來看，衛生紙確實不是最好的選擇。但我要先告訴你，可以在哪裡買到無塑料捲筒衛生紙。

哪裡可以買到無塑料的捲筒衛生紙

你可以到販售辦公文具、旅館和餐廳用品的商店或網路商店，購買沒有漂白的百分百再生紙衛生紙，它們一捲捲用紙材包裹。你甚至還可以向大型量販店訂購，再到指定分店取貨。

在公廁要用什麼來替代捲筒衛生紙

我有兩小條手毛巾（hankerchief-towel），是我在東京買的，因為用手帕擦手也很常見，所以商店開始販售這種手帕兼毛巾的兩用手毛巾。其實，一條擦臉用的小毛巾也能一兼二顧。或者，你可以像哈諾一樣使用手帕都沒問題。

為什麼不要使用衛生紙？

現在，讓我們回到衛生紙這個主題上。相信我，你還是可以在這個項目上響應零廢棄生活。而且，不會令人覺得噁心。

事實上，這種環保做法要比用衛生紙擦拭我們所談論的這些部位

乾淨多了，用衛生紙擦有時候還是會擦不乾淨。有些衛生紙含有漂白劑和其他化學物質，而隨著機械式的擦拭動作，會造成一些敏感部位發炎。據說，使用微溫的水來沖洗是最衛生、也最受推薦的潔淨方法，你的醫生當然也會對此背書。

不用衛生紙，要用什麼？

我知道，那種只是想像一下上完廁所不用衛生紙的情況就感到噁心的可笑行為，早已根植於人心。如果我跟哈諾沒有在日本住過一年，我們壓根不會想要這樣做，在日本期間，我們體會到了使用「坐浴桶」（bidet）的潔淨程度。我的意思是，你有多常冒出上大號後的感覺是下體會如此乾淨，彷彿你的私密部位才剛剛被沖澡過？（它們確實是沖洗過！）

以下介紹幾個清潔效果比傳統衛生紙更佳的選項，當然，它們使用起來的舒適感也更好：

● 高科技版：免治馬桶

你可以選擇在家中安裝一個免治馬桶——一種兼具水療和促進健康的馬桶設計，而不僅僅只有一個馬桶座而已。最低售價在300美元左右，附有各式各樣的功能，包括坐浴桶的外觀，當然不僅限於此。

你可以客製化所希望的噴射水流，來潔淨敏感部位：水溫、水壓、角度、按摩功能、性別生理構造、前或後等等。客製化程序完畢

後，甚至還有烘乾機選項，也是客製化設計。

● 低科技版：坐浴桶瓶

坐浴桶瓶也被稱為可攜式（旅行）坐浴桶，是一種便宜的噴嘴塑膠瓶，你可以用十美元左右網購到。把微溫的水裝進瓶中，然後把噴嘴對準你的臀部，開始按壓。徹底洗淨後，用毛巾擦乾。

● 折衷版：手持式坐浴桶蓮蓬頭

手持式坐浴桶蓮蓬頭，也被當成「尿布噴頭」（diaper sprayer）來販售，這是一種小型蓮蓬頭，你可以安裝在馬桶水箱上。你也許可以在附近的五金店買到。

好用小撇步 ＜ 上網搜尋「坐浴桶噴頭」（bidet sprayer）、「坐浴桶蓮蓬頭」（bidet showerhead）、「尿布噴頭」（diaper sprayer）或「手持式坐浴桶」（handheld bidet）等關鍵字，就能找到相關網路商店，網購坐浴桶用的蓮蓬頭。

CHAPTER

9

衣櫃裡的
零廢棄

▶追求時尚的代價

衣服生產出來後，通常是分別裝在塑料包材裡，運送到店裡的倉庫，拆下包裝後，再掛在衣架上販售。但我之所以選擇在本書中討論時尚，有個更重要的原因，因為時尚已經成為全球最大規模、汙染也最嚴重的產業之一。「快時尚」以勢如破竹之姿迅速席捲全世界。比起過去，如今我們生產更多、更快、也更廉價的商品，卻拒絕為真實的成本付出代價。

我在這裡推薦一部紀錄片《時尚代價》（*True Cost*, 2015），有助你對這個議題有更深的省思。

> 仔細思考一下，
> 既然衣服通常都採無包裝販售，
> 我們為什麼還要談論衣服與時尚呢？

大多數人都知道時尚產業劣跡斑斑，知道雇用童工依舊是該產業的常態而非例外。然而，每次我們在店裡看到一定要敗的鞋子時，這些醜聞便從我們心裡悄然溜走。這就是人性。畢竟，在地球另一頭的悲慘情況，不是我們日常生活的一部分。但這不表示它的真實性會因此而稍減絲毫。

令人遺憾的是，衣服含有有害物質也是常態而非例外。是的，童裝也不例外，你仔細想想就知道，這樣的結論完全是合情合理。今

天，我們身上所穿的衣服絕大多數都是合成纖維製品，這通常意謂它們就是塑料織品。因此，所有你在塑膠裡所發現到的令人厭惡的有害物質：雙酚A、磷苯二甲酸酯、阻燃劑等等，也能在衣服裡找到，這是理所當然的。

傳統棉花的問題也不遑多讓，因為棉花是全球施用最多殺蟲劑的農作物。而且棉花是高耗水作物，耗水量高踞前茅：根據水足跡網路的研究報告指出，全球平均而言，用1,200加侖的水灌溉棉花，只能產出一磅的棉花，在印度甚至需要耗水超過2,640加侖[1]。然而，棉花普遍生長於乾旱地區，只要人們繼續用棉花製作衣服，這樣的資源耗損就無法避免。

▶ 找到你的平衡點

不知什麼原因，塞爆的衣櫃已經成為當代文化的一部分。我還沒有過零廢棄生活的時候，自以為衣櫃裡的衣服很少，但我後來輕而易舉就減量了80%的衣物！在這樣的文化薰陶下，我們被灌輸相信，我們的衣櫃永遠有空間可以再多容納一件衣服。你可能已經猜到我要表達什麼了：少即是多。

膠囊衣櫥收納法

你可以在一些優質的女性白領上班族網站上找到許多傳授「膠囊

---

1. 水足跡網路，〈產品陳列館〉。

衣櫥」（capsule wardrobe）[2] 穿搭術的內容。我就不在這裡詳述了，因為我覺得你的衣櫃內容完全取決於你的個人風格和喜好。

我不管其他人會怎麼想，我已經把所有正式場合要穿的服裝、禮服、襯衫和高跟鞋全都清掉了，但仍保留了蝙蝠俠T恤和經典電玩〈太空入侵者〉圖案的襪子，這也許與你的個人服裝偏好不全然一樣。

盡責地清理衣物

你隨時可以在車庫拍賣、分類廣告網站Craigslist或是Ebay賣出你的衣服。交換衣服派對則是另一個非常好玩又有趣的選擇。臉書的地區社團也是另一個可以分送或交換東西的管道，還能支持你所在的本地社區。

如果你決定捐贈衣服，請確定你要捐贈的組織不會把其中任何一件衣服轉賣給發展中國家，這反而會破壞當地的紡織品市場。一些發展中國家已經明令禁止捐贈衣物進口，來保護本國的相關產業。所以，在捐贈衣物之前，請先打電話給屬意的機構或公益二手商店的志工，徵詢他們的意見。

此外，也要事先打電話給你有意捐贈的收容所。它們不一定有很大的空間來存放受捐贈的物品，而且它們最缺乏的往往不是衣服，而是居家用品和護理用品。

---

2. 譯注：倫敦古董收藏家Susie Faux於1970年代所提出。膠囊衣櫥的概念就是極簡化自己的衣櫃，只保留一些必備的經典款，用它們來穿搭出多種不同的搭配，也稱極簡主義衣櫥。

購買永續產品

　　想到這事就令人難過，但基本上你在本地商店或大型購物中心所能買到的衣服，既不永續，也會對身體產生潛在危害。如何防止浪費那些已用於生產衣服的資源，購買二手貨是很好的選擇。

　　二手衣物因為已經洗過了好幾回，所含的有害化學物質自然少了許多。購買符合道德、公平貿易認證的有機衣物，有助於支持那些正試圖建立一個更好的產業規範，來改變製衣業的企業。

廢紙堆裡的
零廢棄

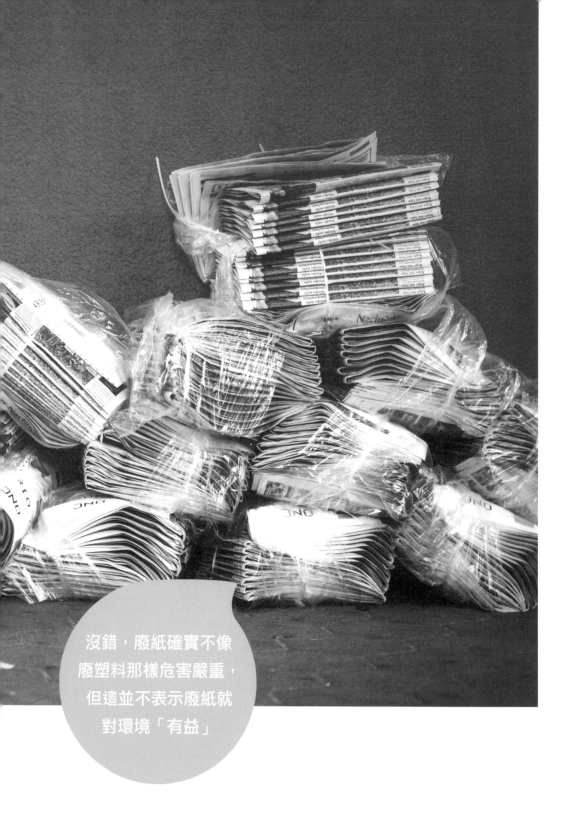

沒錯，廢紙確實不像
廢塑料那樣危害嚴重，
但這並不表示廢紙就
對環境「有益」

◉ 從五方面開始減少紙類垃圾

生產紙就要砍樹。據估計，全球有15%到30%的林木交易來自非法盜伐[1]。接下來，林木需要用化學物質來加工，並要消耗大量的水。你知道嗎，生產一張紙要用掉一桶水[2]。

紙張到壽終正寢時，確實可以回收，通常可以回收再利用七到五次[3]。但是，「可回收」和真正地被「回收再利用」是兩碼子事。我們就以紙盤和披薩紙盒為例：它們在物盡其用後，因為太油太髒無法回收再利用，不過，它們還是可以做成堆肥。然而，免洗餐具就沒那麼好運了，它們幾乎總是被當作垃圾直接丟棄。這是為什麼呢？我們使用免洗餐具是出於方便，那麼，要你用完餐後「一定」要把它們拿去做堆肥，這樣你覺得方便嗎？不是很方便，對吧！

廣告傳單

如果你住在加拿大，輕而易舉就能減量80%的廣告傳單，只要你在信箱上貼上「謝絕廣告傳單」的告示。但在美國，事情就有些複雜了，因為在美國不像一些國家有相關立法，例如在德國，如果你已經在信箱上貼上謝絕的告示，但還是收到廣告傳單，可以把散發廣告傳

---

1. 世界野生生物基金會，〈非法盜伐〉。
2. Rep，〈從森林到紙張，水足跡的故事（From forest to paper, the story of our water footprint），12。
3. GD Environmental，〈你可以回收再利用A多少次……〉（How Many Times Can You Recycle A…）。

單的公司告上法院。

　　每次你收到不請自來的廣告傳單，就打電話給發信公司投訴你的不滿，可以進一步提升你的成功率。對投遞員保持和顏悅色並感謝他的協助，也會有幫助。

▌減少廣告傳單的方法

- 繼續在信箱貼上「謝絕廣告傳單」的貼紙。這無異是一份正式的「退回寄件者」聲明，但不是每一個投遞員都會尊重你的意願。

- 進到直效行銷協會（Direct Marketing Association, DMA）的消費者網站 DMAchoice.org，把你的名字從郵寄名單中刪除。

- 非營利組織 CatalogChoice.org 可以協助你擺脫廣告傳單的糾纏。

- 如果你不想收到信用卡和保險公司寄出的優惠方案申請郵件，可以進到網站 OptOutPrescreen.com 勾選「拒收」（ope out）。

- 如果你不想收到不請自來的黃頁電話簿，可以進到網站 YellowPagesOptOut.com 勾選「拒收」（ope out）。

- 應用程式 PaperKarma 金可以替你封鎖廣告傳單。

但是，即使你做了上述所有主動表明拒收廣告傳單的勾選動作，恐怕你還是會收到上面有你地址的廣告傳單。就和大多數事情一樣，預防勝於治療。除非真有必要，否則不要交出你的個人資料。商家的優惠卡、抽獎活動和產品保固卡這些東西，其實就是要收集你的個資，這些店家或公司才能寄廣告傳單給你。

雜誌

有些事物即使從我們的生活中離開，我們也不會有任何損失，雜誌就是其中之一。不過，如果你還是想繼續閱讀雜誌，Readly 是類似音樂串流平台 Spotify 或影視串流平台 Netflix 的線上雜誌平台，只要支付少許月費就能看到飽，隨意閱讀上千本雜誌[4]。

帳單與銀行對帳單

今天，電子帳單以及銀行和信用卡對帳單已經非常普遍。行動銀行也比以前更加方便。好好善用這項電子服務。

報紙

沒有任何事物比昨日的新聞更老朽了。不妨想像每一天報紙所製造的廢紙數量！它們不是只有紙張而已——你知道嗎，報紙常常成疊成疊用塑膠套打包！

---

4. 編注：台灣有許多電子書平台，如：Readmoo 讀墨、樂天 KOBO、Pubu 電子書城、博客來電子書……等，都提供大量的電子雜誌

▌減少報紙垃圾的方法

- 多數報紙現在都有網路版或手機 App，而且只訂閱電子報要比傳統報紙的報費更便宜。

- 找家人或鄰居共訂一份報紙，可以減少製造廢紙。通常，辦公室裡都會有報紙，如果你是一位上班族，何不直接看辦公室的報紙就好？

- 我自己則偏好在手機上閱讀當天的新聞比起看實體報紙，我覺得這要方便多了。

影印和列印

這裡提供一些建議，對於減少紙類垃圾與廢紙的產生，有明顯的幫助。這些事情都很容易做到，卻能造成很好的影響！

● 使用百分之百的再生紙

很可惜，幾乎沒有一間辦公室、一所學校或大學使用百分之百的再生紙列印。你可以在辦公文具用品店購買自己使用的再生紙。如果你是學生，可以跟學校或就讀大學建議使用再生紙。如果你是上班族，設法說服管理公司文具用品的總務同仁換用再生紙。一般而言，成功機率很小就是了。

如果你自己就是老闆，那就太好了！你自己就可以拍板定案。願

192

堆積在家中角落的廢紙，不但不環保，也破壞視覺上的美觀。圖片來源：Daniel Voelsen

原力與你同在（May the force be with you，電影《星際大戰》的經典
對白）！

● 數位化

今天，在紙上書寫、記錄一切事情的行為正在消逝中（至少就我
身為數位遊牧族〔digital nomad〕的淺見來看是如此）。今天，你可以

用自己的智慧手機掃描文件，將它儲存於雲端空間，就能隨時隨地同步存取檔案。我自己喜歡藉助搜尋框，直接在線上搜尋文件，而不必翻箱倒櫃翻找實體文件檔案。

● **雙面列印**

把二頁內容印在一頁上，而且雙面都要列印。如此一來，相同的一張紙你得到的是四倍的資訊量。

● **重複使用後再回收利用**

我看到許多人只用一張紙的一頁寫筆記，另一頁則任其空白。只要兩頁都使用，你的樹木消耗量就能減少一半！做起來其實不是太困難，對吧？

垃圾的真相

對於垃圾處理與
資源回收，有許多事情
是我們需要關注與
深入了解的

⯈ 你可能不知道的七個事實

在開始零廢棄生活之後，我對垃圾與資源回收有了更深入的認識。我發現，很多資訊和我以前的認知有很大差異。如果你想轉換成零廢棄生活，重新理解關於垃圾與回收的這些事，是非常重要的。

「可回收」並不表示真的會被回收再利用

塑料的回收再利用是個複雜的問題。無論一件塑膠製品是否為可回收，它的回收再利用都要考慮到多項因素：在當地，是否有這方面的塑料相關需求？是否黏附於其他材料或者只是另一種塑膠品？上面貼有貼紙嗎？回收的塑膠品有多小？

發票上的塗劑會對健康產生危害

發票不應該被回收，因為發票的材質是感熱紙，本身含有高劑量的雙酚A，會危害我們的健康，也會汙染水、土壤和再生紙製品[1]。

號稱可回收的飲料紙盒，其實很難回收再利用

飲料紙盒號稱百分之百可回收。但真相是，它們很難回收再利用——這也是為什麼它們多半未被回收再利用。這些紙盒是由九層紙層所製成，層層緊密黏合到難以分開，需要特殊設備才能回收處理飲

---

1. 編注：在台灣，發票只能當成「一般垃圾」處理，其他像是ATM提款單、彩券、停車繳費單等，都一樣不能當成紙類回收。

料紙盒。

家中的堆肥器並不能分解塑膠袋

　　有些塑膠袋號稱是可分解成堆肥的，但一般只有商業堆肥場才能把這類材料做成堆肥，不是你家後院的堆肥器能做到的。

不是所有玻璃都能回收

　　窗玻璃、畫框玻璃和眼鏡有不同的熔點，不在可回收玻璃裡。它們與其他玻璃夾雜回收再利用，會讓一整批玻璃都報銷。

廢棄物管理是一種後勤作業複雜又昂貴的系統

　　廢棄物管理是一種行業，不是靠愛地球的力量來運作。說到底，它就是一門生意，需要高度專門化的車輛、垃圾桶、大型垃圾箱和設施。光是生產這些東西就會消耗掉大量資源。車輛需要補充燃料在全國各地收集垃圾，和運送可回收物品。設施需要配備人員，機器才得以啟動運轉。這全是因為我們執迷不悟，把珍貴資源變成了問題。

回收再利用並非循環不息！

　　回收再利用需要消耗許多能源、水，以及常常會造成汙染的有疑慮化學物質。零廢棄生活實踐者及部落格 TreadingMyOwenPath.com 格主琳賽‧邁爾斯（Lindsay Miles）便一針見血道出箇中精義：「回收再利用是很好的起點，但以此為終點就不妙了。」

用舊報紙摺成垃圾袋

舊報紙再利用，依下列步驟摺成垃圾袋，可以直接拿來裝垃圾、廚餘，也可以當成套在垃圾桶裡的替換袋。

▸ 舊報紙再利用

過期報紙是不少人家中都會有的東西，不妨把這些舊報紙回收再利用，摺成垃圾袋來使用。當然，超級零廢棄實踐者也許再也用不上垃圾袋（或套在垃圾桶裡的袋子），因為如果你家中連垃圾桶都沒有，當然也不需要垃圾袋了。但並不是每個人都想要做得這麼徹底。

如果你不是完全零廢棄俱樂部的一員，不是只堅持用水沖洗裝有機廢棄物的垃圾桶，用報紙摺成的垃圾袋隨時可以派上用場，拿來裝有機垃圾。依照前頁分享的方法，立刻開始製作吧！

▸ 升級回收：把廚餘化成堆肥

如果你居住的城市或鄉鎮提供沿街收運可做堆肥的垃圾服務，你實在是太幸運了！如果沒有，而是你必須帶著自己的有機垃圾到收集定點，雖然有點不便，但還是可行的。

若是後者，你可能會出於方便而考慮固態化你的有機垃圾。在家做堆肥，然後用在自家院子，永遠是最永續的選擇，因為不會產生運輸汙染排放物。把廚餘化成堆肥經常被稱為「升級回收」，因為這種做法把廢棄物轉換成比原來更有價值的東西。

如果你家有庭院，一個簡單的堆肥堆也許就能做到升級回收。除了廚餘，庭院的垃圾也能化成堆肥堆，省下清理車庫或車棚垃圾的麻煩，記得要在收運堆肥的時間拿出去。

　　不過，如果你和我們一樣住在公寓，還是可以做堆肥。甚至連陽台都可以免了！我們住在商業區的一間小公寓裡，這樣的居住型態哪有空間做堆肥呢？對此，我很得意地說：「我們養蚯蚓！」正確來說，是滿箱子的蚯蚓。我們的蚯蚓箱就放在廚房，是我們這些上千條蠕動朋友的家。牠們住在箱子裡，吃我們的廚餘、毛髮和指甲屑，把它們轉換成「蚯蚓便便」（worm casting），這是一種上好肥料。

▌不用擔心蚯蚓嚇到人

不像一般的廚房垃圾桶，蚯蚓箱的堆肥過程不會散發臭味，所以你不必擔心會聞到任何惡臭。你也不用擔心蚯蚓會爬出箱子。這個箱子就是蚯蚓們的天堂，除非箱子出現嚴重問題，否則你的這些小小朋友們一點都不渴望逃離舒適的家。

　　此外，熟食、肉類、乳製品、洋蔥、香蕉皮和柑橘類果皮，不要放進蚯蚓箱，可用發酵桶取而代之，來處理不適合蚯蚓箱的堆肥作業。發酵桶會使有機物發酵，這些發酵後的有機物可以拿來餵食蚯蚓，或是直接拿到自家庭院施肥。

▶生活中的零廢棄選擇清單

飲食烹飪

原本的習慣	零廢棄的選擇
鋁箔和塑料包材 (保鮮食物)	碗盤、茶巾或蜂蠟布
鋁箔和塑料包材 (食物提袋)	可重複使用的食物容器或茶巾，來裝墨西哥捲餅或三明治
蠟紙／烘焙紙	先塗油脂潤滑烤盤，再撒上一層輕薄麵粉，或是使用可重複使用的不沾黏烤盤墊
外帶杯	用玻璃罐裝冷飲或隨行杯裝熱飲 (或直接用襪套包住玻璃罐)
保冰袋	把冷凍食物裝在螺旋罐、可重複使用的食物容器或矽膠保冰袋
紙盒、罐裝或塑膠瓶裝飲料	多喝自來水、自製果昔替代市售果汁，或自製檸檬汁替代不健康的汽水
從販賣機或便利商店購買飲料	自備水壺在飲水機填充
咖啡濾紙，咖啡膠囊	適用滴濾咖啡機的可重複使用濾紙，法式濾壓壺，可填充不鏽鋼膠囊杯

瑪芬和杯子蛋糕用紙杯	先用油潤滑瑪芬烤模或小茶杯,再撒上一層麵粉,或用可重複使用的矽膠模
蔬果用塑膠袋	網袋,如洗衣袋、蔬果用布袋
餐巾紙	餐巾布或手帕
包裝好的麵包	用乾淨購物布袋到麵包店買麵包
烤肉叉子	可重複使用的不鏽鋼烤肉叉子
塑膠吸管	可重複使用的不鏽鋼吸管
免洗餐具	自備可重複使用的食物容器到你最喜愛的餐廳
茶包、一次性濾茶袋	濾茶器(網)、法式濾壓壺
蔬菜削皮器	有機蔬果和一支龍舌蘭或椰子纖維刷毛木刷
儲存食物的塑料容器	廣口瓶或醃漬玻璃罐

家事清潔

原本的習慣	零廢棄的選擇
清潔用品	萬能清潔劑(參考 127 頁)
抹布(清潔用)	一片舊布和某種萬能清潔劑
擦布(身體護理用)	一條濕毛巾
大捲筒紙、超細纖維布	百分百純棉或竹纖維舊布(可以裁剪舊毛巾,或把舊襯衫裁剪至適合大小後縫製)
垃圾桶套袋	用舊報紙摺紙套袋(參考 199 頁),或用水沖洗就好
塑膠清潔刷	木製的龍舌蘭或椰子纖維刷毛清潔刷
海綿	百分百天然纖維舊布,木製清潔刷
表面拋光劑,不鏽鋼材質清潔劑	銅或不鏽鋼材質菜瓜布,木製椰子纖維刷毛洗鍋刷

洗衣粉	自製洗衣劑 (配方參考 135 頁)，馬栗洗衣劑 (做法參考 139 頁)
衣物柔軟精	自製柔軟精 (配方參考 135 頁)
塑膠馬桶刷	木製龍舌蘭纖維刷毛馬桶刷
洗碗精	自製洗碗劑 (配方參考 131 頁)
洗碗機專用清潔劑	自製洗碗機專用清潔劑 (配方參考 133 頁)
塑膠掃把	繼續使用你的舊掃把沒問題，但如果你打算換支無塑料掃把，考慮高粱掃把，或自製樹枝掃把
畚箕	繼續使用你的畚箕沒問題，但如果你打算換支無塑料的，可以選擇金屬材質畚箕

身體保養

原本的習慣	零廢棄的選擇
體香劑	自製體香劑 (配方參考 150 頁)
沐浴精	無棕櫚油卡斯提爾皂
身體或臉部的去角質磨砂膏	絲瓜絡，咖啡渣
洗手液	無棕櫚油卡斯提爾皂
洗面乳	無棕櫚油卡斯提爾皂
洗髮精	洗髮皂，無棕櫚油卡斯提爾皂或黑麥麵粉 (配方參考 164 頁) 並用醋潤絲
潤絲精	用醋潤絲 (配方參考 165 頁)
潤膚乳液	食用油 (參考 146 頁)

護唇膏	自製護唇膏 (配方參考 152 頁)
卸妝油	食用油 (參考 146 頁)
化妝棉	可洗式化妝棉和食用油
指甲刷	天然纖維刷毛木刷
塑料刮毛刀	電動除毛刀，紙包刀片的傳統安全刮毛刀，永久除毛等
刮鬍膏	無棕櫚油卡斯提爾皂加刮鬍刷
日拋或月拋隱形眼鏡	眼鏡，硬式隱形眼鏡，雷射手術
衛生棉，護墊	布製衛生棉與護墊
棉條	月亮杯
面紙	手帕
衛生紙，濕紙巾	坐浴桶／免治馬桶和毛巾 (參考 178 頁)
棉花棒	把異物伸進耳朵，其實不好！如果你還是堅持，使用竹耳勺或金屬製挖耳棒
塑料牙刷	竹牙刷，米斯瓦克或苦楝樹枝牙刷
牙膏	自製牙膏或牙粉 (配方參考 156、157 頁)
漱口水	自製漱口水 (配方參考 158 頁)
牙線	純素牙線 (但不是無塑料)，可生物分解蠶絲牙線 (參考 159 頁)

文具用品

原本的習慣	零廢棄的選擇
寫信	打電話或寫 email
影印紙	百分百再生紙

信封	重複使用，用廢紙自製信封裝私人信件或卡片
自動鉛筆，一般鉛筆外塗一層薄漆	原木鉛筆加鉛筆延長器
彩色筆 (氈尖筆)	原木彩色鉛筆
原子筆	可填充卡式墨水管鋼筆
螢光筆	原木螢光鉛筆
筆記本	把信封拿來廢物利用，以及紙張背面也不浪費 (參考 194 頁)
封箱膠帶	天然黃麻繩
橡皮擦	天然橡膠橡皮擦
活頁夾	再生紙活頁夾
釘書機	迴紋針

寫在後面

—●—

更多零廢棄的啟發

零廢棄的重點，不該在於你的垃圾量是否可以縮減到一個玻璃罐，在我看來，這部分是被過分高估了。零廢棄應當是儘可能多選擇更加永續，甚或是最永續的選項。零廢棄是做出更好的選擇以及培養更多永續性習慣；零廢棄也關乎以仁慈對待別人和自己。

我鼓勵你參與零廢棄方面的對話，以及參與這個卓越不凡的社群！下面是我最喜歡的一些零廢棄內容創作者：

- Kathryn Kellogg goingzerowaste.com
- Lindsay Miles treadingmyownpath.com
- Christine Liu snapshotsofsimplicity.com
- Erin Rhodes therogueginger.com

- Ariana Roberts paris-to-go.com
- Anne-Marie Bonneau zerowastechef.com
- Gittemary Johansen gittemary.com 和 youtube 影音頻道 gittemary
- Imogen Lucas 的 youtube 影音頻道 sustainably vegan

零廢棄清單中，若沒有下面這兩位了不起的女士，就稱不上完整！她們兩人是第一代零廢棄先驅，分別是：

- Béa Johnson zerowastehome.com [1]
- Lauren Singer trashisfortossers.com [2]

「零廢棄部落客網路」（zerowastebloggersnetwork.com）蒐羅了來自世界各地零廢棄部落客的最詳盡名單，可以上去瀏覽。如果你想擔任志工，可以考慮參加這個草根性的非營利組織 bezero.org。

把你的愛分享出去，記得要去支持所有這些了不起的部落客，他們全心付出，分享自己的經驗、智慧、DIY 配方，還有令人捧腹大笑的有趣故事！

---

1. 譯注：《紐約時報》稱貝亞‧強森為「零廢棄生活教母」，台灣出版了她的著作《我家沒垃圾》。
2. 譯注：羅倫‧辛格，定居紐約的年輕女孩，致力零廢棄生活，部落格的意思便是「垃圾是給無用之人」，也自創品牌販售環保用品。

附錄

———●———

台灣的零廢棄資源

　　近年來，台灣的零廢棄風潮逐漸興起，愈來愈多人加入這個行列。以下提供一些台灣的零廢棄相關資源，分成資訊、購物、回收、市集等四個方面，這只是廣大資源中的一部分，僅作為拋磚引玉、新手參考之用。

　　許多書中提到的可重複使用、無塑或無包裝的永續性產品，可以在下列店家或市集中找到。

資訊／媒體

● **台灣環境資訊協會**

　官網：https://teia.tw/zh-hant

　臉書：https://www.facebook.com/TEIA.npo/

- **主婦聯盟環境保護基金會**

  官網：https://www.huf.org.tw/

  臉書：https://www.facebook.com/HomemakersUnion/

- **台灣地球日**

  官網：https://www.earthday.org.tw/

  臉書：https://www.facebook.com/EarthDayTW/

- **環境資訊中心**

  官網：https://e-info.org.tw/

  臉書：https://www.facebook.com/enc.teia/

- **feel more 減法生活**

  官網：http://www.feel-more.org/

  臉書：https://www.facebook.com/feelmorefeelmore/

- **妳好你好 zero zero**

  官網：https://blog.zerozero.com.tw/

- **享食台灣 Foodsharing Taiwan**

  官網：https://foodsharing.tw/

  臉書：https://www.facebook.com/foodsharingtaiwan/

● Ubag 二手袋循環計畫 Your bag, my bag

官網：bit.ly/ubagMedium

臉書：https://www.facebook.com/ubagtw/

商品／購物

● 小事生活 X 零廢棄媽咪

官網：www.simple-ecolife.com

臉書：www.facebook.com/simple.ecolife

● Unpackaged.U 商店

官網：http://unpackaged.tw/

臉書：https://www.facebook.com/unpackaged.tw/

● 貓旅

官網：http://meowlu2011.blogspot.com/

臉書：https://www.facebook.com/2011meowlu/

● 友善貓（再填充貓砂）

蝦皮：https://shopee.tw/tw0031_32321

臉書：https://www.facebook.com/ecocatfriendly/

- **騎龍矽膠製品**

  蝦皮：https://shopee.tw/gary80585201

  臉書：https://www.facebook.com/%E9%A8%8E%E9%BE%8D%E7
  %9F%BD%E8%86%A0%E8%A3%BD%E5%93%81Chilung-
  Silicone-Kitchenware-1612182295777623/

- **好日子**

  官網：https://agooday.com/

  臉書：https://www.facebook.com/agoodayhome

- **ＱＣ館（環保吸管）**

  官網：https://www.qc-tw.com/

  臉書：https://www.facebook.com/QC0983680682/

- **dr.Si 台灣矽材設計第一品牌**

  官網：https://www.drsi.cc/

  臉書：https://www.facebook.com/drsitaiwan/

- **Eco Wrap 環保麵包袋**

  臉書：https://www.facebook.com/ecowraphk/

● **綠兔子工作室**

官網：https://naturemiffy.blogspot.com/

臉書：https://www.facebook.com/naturemiffy/

● **明日餐桌**

官網：https://www.7ckitchen.com/

臉書：https://www.facebook.com/7upkitchen/

● **EARTH FRIEND 愛地球**

官網：http://earthfriend.co/

臉書：https://www.facebook.com/nicole12345678911/

● **好竹意環保牙刷**

官網：https://www.twletsgo.com/shopping/ykWv2c

● **地球好樂（回收紙筆記本）**

官網：https://www.happyearth1000.com/

臉書：https://www.facebook.com/HappyEarthBook/

● **冶綠生活服飾**

官網：https://wildgreen.tw/

臉書：https://www.facebook.com/wildgreen.tw/

回收／清運

- zero zero 城市環保店

  官網：https://www.zerozero.com.tw/

  臉書：https://www.facebook.com/TWzerozero/

農夫市集

- **直接跟農夫買**

  官網：https://www.buydirectlyfromfarmers.tw/

  臉書：https://www.facebook.com/BuyDirectlyFromFarmers/

- **248 農學市集**

  官網：http://www.248.com.tw/

  臉書：https://www.facebook.com/248mart/

- **部落e購：原住民部落共同產銷平台**

  官網：http://egoshop.atipd.tw/

  臉書：https://www.facebook.com/tribalshop2008/?ref=br_rs

- **水花園有機農夫市集**

  官網：https://www.instagram.com/lifenextmarket/

  臉書：https://www.facebook.com/organicfarmersmarket/

臉書社團

- Zero Waste Taiwan 台灣零廢棄
- 無包裝請揪我 ZeroWasteLife
- 剩食終結者—吃不完找我：v
- Vegan 零廢棄聯盟
- 零廢棄手作坊
- 不塑之客

致謝

　　首先，我要感謝零廢棄社群，他們實在是太棒、太有創意了。作為一名部落客和內容創作者，我已經習慣把自己還不成熟的想法公開在自己的部落格裡，然後獲得立即的反響。所以，寫一本書老實說讓我感到有些惶惶不安。

　　如果沒有我的前一個烘焙部落格的讀者們的支持，我可能從來不會考慮要成為一個素食主義者（後來成為純素主義者）。如果沒有我的愛地球社群媒體的關注者們對我的蚯蚓堆肥箱、環保布袋和利用過期麵包等內容投以極大的關注和熱情，我可能走不到今天的局面。我喜歡成為這種共享智慧社群的一分子，每天可以從每個人身上學到許多東西。

　　後來，我獲得出版社的邀約。出書可能會浪費紙和其他珍貴資源，也沒有留言板和線上訊息通知。但是，基於寫作一本書可以到達

那些我的網路寫作到不了的讀者手上，我深吸一口氣後，答應了出書的邀約。

　　本書最初是以德文書寫，2016年6月於德國出版，事實證明我的擔心是多餘的。老實說，我被震撼到了。我從各種管道獲得無以數計的熱烈回響，人們毫不猶豫地提出他們的問題、與我分享他們的故事，或者只是與我交流他們的看法！我非常感激有機會能對這個我從中受惠良多的社群，有所貢獻。

　　英文不是我的母語，如果沒有我的朋友埃斯特·拉齊洛（Eszter Lazlo），他是生態迷也是農夫市集的好麻吉的大力協助和編輯，我自己是翻譯不來的──非常謝謝你！

　　我也要給加州這位令人驚嘆的零廢棄部落客凱薩琳·凱洛格（Kathryn Kellogg，goingzerowaste.com）一個大大的感謝擁抱，她協助我本書的在地化，而且很有耐心地忍受我的一連串問題清單和極為任性的嘮叨。

　　我衷心祝願這本書能成為眾多零廢棄書籍裡的一本，以及每個公共圖書館都設有零廢棄專區的夢想早日實現！

國家圖書館出版品預行編目資料

零廢棄：不塑、不浪費、不用倒垃圾的美好生活 / 蘇小親（Shia Su）
著；劉卉立譯. -- 初版. -- 臺北市：啟示出版：家庭傳媒城邦分公司
發行, 2019.01
　面；　　公分. --(Sky系列；5)
譯自：Zero Waste : Weniger Müll Ist Das Neue Grün

ISBN 978-986-96765-5-7 (平裝)

1.消費者行為　2.環境保護　3.生活型態

496.34　　　　　　　　　　　　　　　　107022905

Sky系列05

零廢棄：不塑、不浪費、不用倒垃圾的美好生活

作　　　者／蘇小親（Shia Su）
譯　　　者／劉卉立
企畫選書人／彭之琬
總　編　輯／彭之琬
責 任 編 輯／李詠璇

版　　　權／黃淑敏、翁靜如
行 銷 業 務／林秀津、王　瑜
總　經　理／彭之琬
發　行　人／何飛鵬
法 律 顧 問／元禾法律事務所 王子文律師
出　　　版／啟示出版
　　　　　　臺北市 104 民生東路二段 141 號 9 樓
　　　　　　電話：(02) 25007008　傳真：(02)25007759
　　　　　　E-mail:bwp.service@cite.com.tw
發　　　行／英屬蓋曼群島商家庭傳媒股份有限公司城邦分公司
　　　　　　台北市中山區民生東路二段141號2樓
　　　　　　書虫客服服務專線：02-25007718；25007719
　　　　　　服務時間：週一至週五上午09:30-12:00；下午13:30-17:00
　　　　　　24小時傳真專線：02-25001990；25001991
　　　　　　劃撥帳號：19863813；戶名：書虫股份有限公司
　　　　　　讀者服務信箱：service@readingclub.com.tw
　　　　　　城邦讀書花園：www.cite.com.tw
香港發行所／城邦（香港）出版集團
　　　　　　香港灣仔駱克道193號東超商業中心1F E-mail: hkcite@biznetvigator.com
　　　　　　電話：(852) 25086231　傳真：(852) 25789337
馬新發行所／城邦（馬新）出版集團【Cite (M) Sdn Bhd】
　　　　　　41, Jalan Radin Anum, Bandar Baru Sri Petaling, 57000 Kuala Lumpur, Malaysia.
　　　　　　電話：(603) 90578822　傳真：(603) 90576622
　　　　　　Email: cite@cite.com.my

封 面 設 計／李東記
排　　　版／極翔企業有限公司
印　　　刷／韋懋印刷事業有限公司

■ 2019 年 1 月 28 日初版　　　　　　　　　　　　Printed in Taiwan
定價 350 元

Shia Su, Zero Waste, Weniger Müll ist das neue Grün
Originally published in Austria by Freya Verlag GmbH, 2018
Complex Chinese edition © 2019 by Apocalypse Press, a division of Cité Publishing Ltd.
All Rights Reserved.

城邦讀書花園
www.cite.com.tw

Unpackaged.U 商店

在過度包裝、資源浪費的時代，U商店秉持著惜食的理念，為唯一的地球盡一己之力，提供無包裝(散裝)的食品與生活用品。

店內商品的種類包括：各式米穀、堅果、冷壓油品、料理醋類、各式香料、各類洗滌用品、各種零食果乾……等。

店鋪資訊｜新北市三重區貴陽街16號1樓｜02-8985-2898｜FB：Unpackaged.U 商店

小事生活 ✕ 零廢棄媽咪

小事生活的網路商店開張囉！除了收錄各家品牌的布衛生棉圖書館，還有天然海綿、食物蜂蠟布、安心木食器……等各式永續廚房好夥伴。

搭配詳細說明及教學工作坊，讓您從日常小事小物開始，創造友善環境也友善自己的嶄新生活。

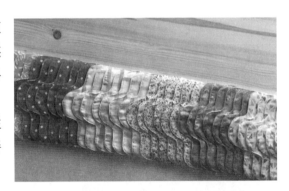

店鋪資訊｜官網：www.simple-ecolife.com｜FB：小事生活 X 零廢棄媽咪

友善貓（貓旅）

歡迎大家一起響應減用塑膠製品，支持利用重覆使用的容器再填充貓砂，商品包括：超環保木屑砂、超除臭礦物砂、超省錢礦物砂、除臭碳、手工零食。

♻ 重複填充商品

[寵物食品/用品]

 [臭臭不在 除臭碳]　 [手工零食]　 [超環保木屑沙]　 [超省錢礦物砂]　 [超除臭礦物砂]

 1 購買　→　 2 使用完畢　→　 3 帶回原容器　→　 4 友善貓重覆填裝　→　5 再上架

備註：#第一次購買貓砂需要付押金 #貓砂容器完整退還可退回押金

店鋪資訊｜台中市西區南屯路一段95號｜0970292118｜FB：友善貓

Unpackaged.U 商店

（憑本券購買）

購物滿500元
即送300g環保洗衣粉

期間限定：2019年1月28日～2020年1月28日

| 注意事項 |

· 本優惠券不得與其他優惠合併使用
· 本券限用乙次，正本為憑，影印無效
· 主辦單位保有活動修改、中止之權利

小事生活 × 零廢棄媽咪

（憑本券購買）

購物滿1500元
並輸入優惠代碼zerowaste
即可獲得蜂蠟布小禮包一份

數量有限，送完為止
期間限定：2019年1月28日～2019年3月31日

| 注意事項 |

· 本優惠券不得與其他優惠合併使用
· 主辦單位保有活動修改、中止之權利

友善貓（貓旅）

（憑本券購買）

購物滿1200元
即可折價100元

期間限定：2019年1月28日～2019年12月31日

| 注意事項 |

· 本優惠券不得與其他優惠合併使用
· 本券限用乙次，正本為憑，影印無效
· 主辦單位保有活動修改、中止之權利